DRECHSEL VORLAGEN

Über 80 detaillierte Vorlagen
für Wohnen, Werkstatt, Haus & Garten

Originalausgabe: *Woodturning Patterns*

Publisher: Paul McGahren
Copy Editor: Kerri Grzybicki
Design und Layout: Michael Douglas
Illustration: David Heim

Übersetzung: Michael Auwers
Produktion: Gutenberg Beuys Feindruckerei GmbH, Langenhagen

ISBN 978-3-7486-0357-3
Best.-Nr. 21429

HolzWerken
Ein Imprint von Vincentz Network GmbH & Co. KG
Plathnerstr. 4c, 30175 Hannover
www.holzwerken.net

Weitere Materialien kostenlos online verfügbar!

http://www.holzwerken.net/bonus

Ihr exklusiver Bonus an Informationen!
Ergänzend zu diesem Buch bietet Ihnen *HolzWerken* Bonus-Materialien zum Download an.
Scannen Sie den QR-Code oder geben Sie den Buch Code unter www.holzwerken.net/bonus ein und erhalten Sie kostenfreien Zugang zu Ihren persönlichen Bonus-Materialien!

Buch-Code: TE1089

DRECHSEL VORLAGEN

Über 80 detaillierte Vorlagen
für Wohnen, Werkstatt, Haus & Garten

DAVID HEIM

HolzWerken

Inhaltsverzeichnis

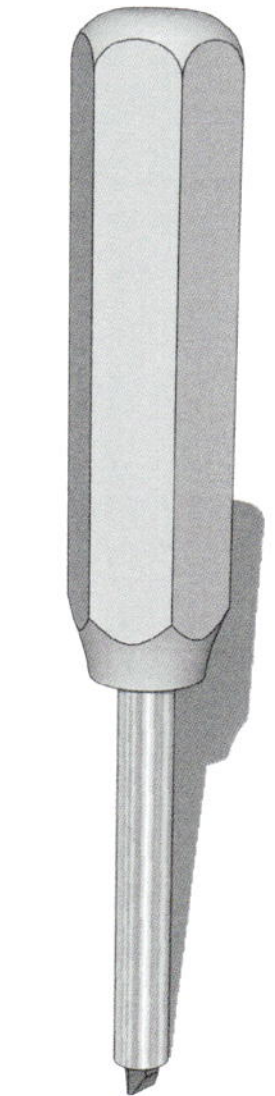

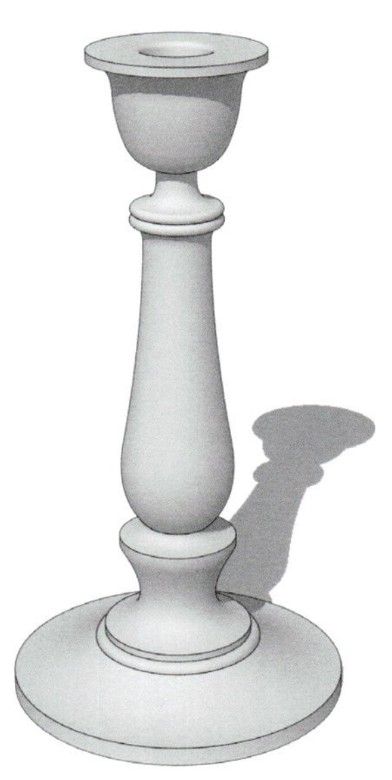

Einleitung

Über den Umgang mit diesem Buch

Das Drechseln ist wie die Musik. Ein Komponist verwendet nur wenige Töne, um unendlich viele Melodien zu schaffen, und der Drechsler setzt vier Grundelemente ein – den Halbstab, die Kehle, den Steg und die V-Nut – um eine Vielzahl unterschiedlicher Formen zu schaffen. Man kann sich dieses Buch also als eine Art Gesangsbuch für die Drehbank vorstellen – es liefert einige Melodien als Ausgangspunkt. Es setzt auch eine Tradition fort, die in Amerika bis mindestens zur Zeit des Unabhängigkeitskriegs zurückreicht.

Seit mehr als zweihundert Jahren haben Hausbauer, Zimmerleute und Möbeltischler Musterbücher verwendet, um die Gestaltung von Gesimsen, Scheuerbrettern, Fensterrahmen und einer Vielzahl anderer Bauteile zu übernehmen oder abzuwandeln. Durch die Verwendung einer Mustervorlage kann man Zeit sparen und sicherstellen, dass man das gewünschte Ergebnis erhält.

Wenn Sie sich genau an eine dieser Vorlagen halten, kann nichts schief gehen. Die Vorlagen geben alle notwendigen Maße an, die Sie direkt auf das Holz übertragen können. Sie können die Vorlage aber auch kopieren, das Profil ausschneiden und beim Drechseln als Schablone verwenden. Die meisten Vorlagen sind in Originalgröße wiedergegeben, aber einige der größeren sind auf Dreiviertel, die Hälfte oder gar nur ein Viertel verkleinert worden. Viele der Muster gehen auf klassische Gegenstände und Möbelstücke zurück, die anderen sind Originalentwürfe. Scheuen Sie jedoch nicht davor zurück, die Vorlagen als Ausgangspunkt für Ihre eigene gestalterische Arbeit zu verwenden.

Bei komplizierteren Arbeiten können Sie einige Probestücke aus Kiefern-, Pappel- oder Fichtenholz anfertigen. Wenn Sie dann glauben, es zu beherrschen, greifen Sie zum ‚hübschen Holz', wie es einer meiner Freunde nennt.

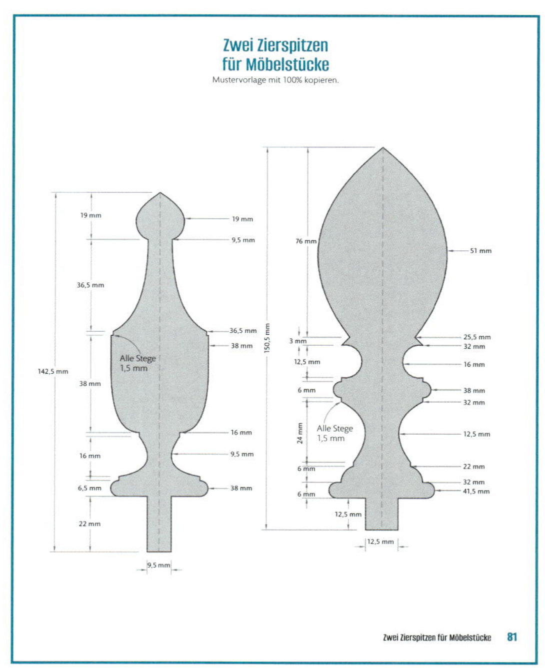

Eine Vorlage mit Bemaßungen ist für das Drechseln von Zierspitzen unverzichtbar.

Übertragen Sie die wichtigen Maße immer von der Vorlage direkt auf den Rohling. Wichtig sind in diesem Fall die Übergänge von gerade zu rund und auch die Durchmesser an jedem Punkt.

Verwenden Sie einen Außentaster zusammen mit dem Abstechstahl, um die wichtigsten Durchmesser zu drehen. Danach können Sie dann die Rundstäbe, Platten und Verjüngungen herausarbeiten.

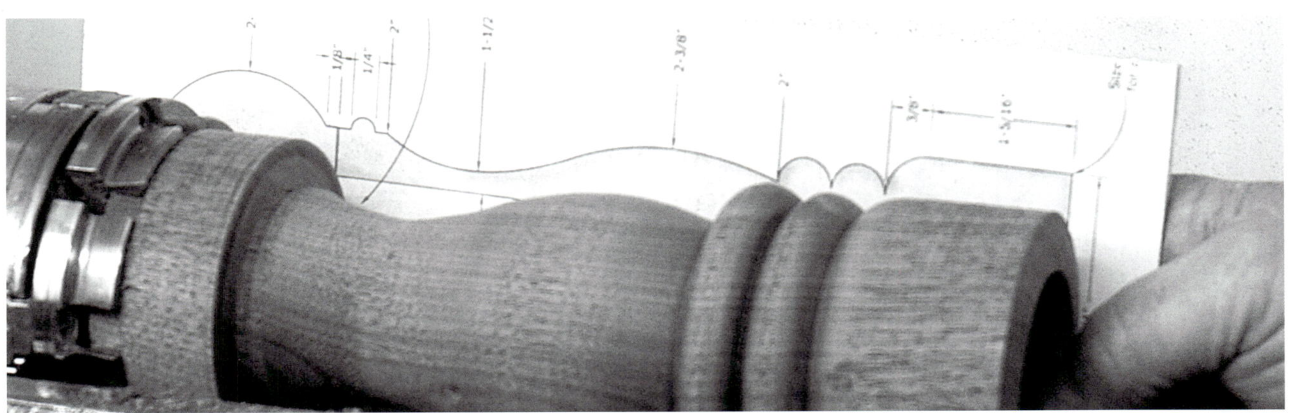

Vergleichen Sie im Laufe der Arbeit immer wieder Ihr Werkstück und die Vorlage.

GRUNDLAGEN DES DRECHSELNS

Es gibt zwei Arten des Drechselns. Beim **Langholzdrechseln** verläuft die Faserrichtung des Holzes parallel zum Bett der Drechselbank. Beispiele für das Langholzdrechseln sind Möbelbeine, Spindeln, Geländerpfosten und Kerzenhalter. Beim **Querholzdrehen** verläuft die Faserrichtung des Holzes senkrecht zum Bett der Drechselbank. Schalen, Vasen und Gefäße werden meist als Querholzarbeiten gedrechselt, man kann solche Stücke aber auch drehen, indem man das Holz wie für eine Langholzarbeit einspannt.

Das Holz muss immer sicher in der Drechselbank eingespannt werden. Beim Langholzdrechseln heißt das üblicherweise, dass es zwischen Spitzen gehalten wird; also mit einer Körnerspitze oder einem mitlaufenden Mehrzackmitnehmer am Spindelstock und einer mitlaufende Spitze mit Druckring am Reitstock, die so verstellt wird, dass der Rohling zwischen den Spitzen gehalten wird. Beim

Querholzdrechseln kann man den Rohling entweder an einer Planscheibe anschrauben, oder ein Stück Restholz am Rohling anleimen, das man dann mit einer Planscheibe oder einem Backenfutter einspannt. Man kann auch ein Schraubenfutter verwenden, bei dem das Holz auf einer dicken Schraube gehalten wird, die in die Mitte des Schalenrohlings eingedreht wird.

Jede Drechselarbeit beginnt damit, dass man den Rohling rund dreht. Beim Langholzdrechseln verwendet man dafür eine Schrupppröhre. Beim Querholzdrechseln greifen Sie zu einer Querholz-Formröhre. Dieser Schritt ist beim Drechseln das Gegenstück zur tischlerischen Vorbereitung von Rohholz mit dem Abricht- und Dicktenhobel.

Reißen Sie danach die wichtigsten Punkte der Arbeit am Rundling mit einem Bleistift an. Dabei kommen die Vorlagen dieses Buches ins Spiel.

LANGHOLZDRECHSELN: DURCHMESSER SIND DER SCHLÜSSEL

Bei der althergebrachten Methode, eine Langholzarbeit zu kopieren, verwendet man die wichtigsten Durchmesser und eine Maßleiste. Zu jeder Vorlage in diesem Buch sind die Länge des Stücks und die Durchmesser an wichtigen Stellen angegeben, etwa die dicksten und dünnsten Teile und die Stärke von Halbstäben und graden Übergangsflächen.

Wenn man nur ein Exemplar des Stücks herstellen will, überträgt man die Maße der Vorlage direkt auf den Rohling. Falls man mehrere Exemplare benötigt, stellt man eine Maßleiste her, indem man die Vorlage kopiert und die Kopie auf ein Stück starken Karton oder 3-mm-Sperrholz klebt. Ziehen Sie an den wichtigen Durchmessern Linien von der Kante der Mustervorlage bis zur Kante des Sperrholzes, legen Sie dann die Maßleiste an das Holz, und übertragen Sie die wichtigen Durchmesser auf den Rohling. Mit dieser Methode haben Sie bei jeder Kopie die gleichen Abmessungen als Ausgangspunkt.

Stellen Sie einen Außentaster auf das Maß jedes wichtigen Durchmessers ein. Falls Sie nur eine Kopie drehen, können Sie den Außentaster mehrmals verstellen. Bei Kleinserien ist es jedoch sehr viel einfacher, wenn man für jeden Durchmesser einen eigenen Außentaster verwendet.

Drehen Sie mit einem Abstechstahl an jedem wichtigen Punkt eine Nut bis zur Tiefe des gewünschten Durchmessers. Wenn Sie die Nut angefangen haben, halten Sie den Außentaster hinein und vertiefen die Nut, bis der Außentaster über das Holz gleitet.

Wenn diese Durchmesser festgelegt sind, beginnen Sie mit der Langholzröhre, dem Schrägmeißel oder Flachstahl die Rundstäbe und Kehlen zu drehen, aus denen sich die Form zusammensetzt. Halten Sie öfter inne, und vergleichen Sie Ihre Arbeit mit der Mustervorlage.

Wiederholen Sie den Vorgang für jedes Exemplar der Arbeit, die Sie benötigen. Achten Sie besonders auf die Länge der Stücke, und sorgen Sie dafür, dass sie von Stück zu Stück möglichst gleich ist. Man kann schon mit bloßem Auge auch kleine Längenabweichungen erkennen. Auch die Durchmesser sollten so gleichmäßig wie möglich ausfallen. Machen Sie sich jedoch keine Gedanken, falls ein Exemplar leicht von den anderen abweicht, da das Auge Unterschiede im Durchmesser nicht so schnell erkennt. Dennoch ist es immer zu empfehlen, für alle Fälle ein Reservestück zu drehen.

Ein Schraubenfutter, hier in ein größeres Spannfutter eingesetzt, erleichtert das Einspannen eines Schüsselrohlings beim Drehen der Außenseite.

Drehen Sie die Schüssel um, wenn die Außenseite Form angenommen hat, und spannen Sie den Fuß in einem Spannfutter ein.

QUERHOLZDRECHSELN: EIN MUSTER FESTLEGEN

Heutzutage werden Schalen und andere Gefäße meist in dieser Reihenfolge gedreht:

Schritt Eins: Befestigen Sie den Rohling an der Planscheibe oder dem Schraubenfutter, und formen Sie die Außenseite einschließlich eines Zapfens oder einer Vertiefung für die Backen eines Backenfutters. Kontrollieren Sie den Arbeitsfortschritt, indem Sie die Vorlage dicht an die Drechselarbeit halten. Bei einem Einzelexemplar genügt es, wenn die Form der Arbeit der Vorlage so gut wie möglich entspricht. Falls mehrere Exemplare benötigt werden, kopiert man die Vorlage und klebt sie auf dicken Karton oder 3-mm-Sperrholz. Dann wird das Profil ausgeschnitten, um es als Schablone verwenden zu können.

Schritt Zwei: Nehmen Sie das Stück von der Planscheibe oder dem Schraubenfutter ab. Bringen Sie das Backenfutter am Spindelstock an, und spannen Sie den Fuß der Arbeit im Futter ein. Stellen Sie sicher, dass der Rohling noch rund läuft, und arbeiten Sie ihn gegebenenfalls nach. Formen Sie die Innenseite. Achten Sie darauf, dass die Kurve an der Innenseite der Schale parallel zu jener der Außenseite läuft. Sie können einen Taster zur Kontrolle verwenden, aber Ihre Finger sind genauso gut geeignet.

Schritt Drei: Dieser Schritt ist optional; falls Sie den Fuß der Schale schon in Schritt Eins so gestaltet haben, dass er Ihren Wünschen entspricht, können Sie ihn auslassen. Spannen Sie die Schale wieder aus. Befestigen Sie ein Stück Restholz an einer Planscheibe, und drehen Sie ein Gegendruck-Futter – eine Form, über die sich die Schale formschlüssig stülpen lässt. Schieben Sie die Schale auf das Zapfenfutter, und richten Sie sie so aus, dass sie rund läuft. Nehmen Sie die abschließenden Formarbeiten am Fuß der Schale vor.

Beim Drehen einer Schale arbeitet man vom Rand zur Mitte und zum Fuß hin.

Man kann einen besonderen Außentaster (oder die eigenen Finger) benutzen, um die Stärke der Wandung auf Gleichmäßigkeit zu prüfen.

HINWEISE ZUM DRECHSELN GROSSER STÜCKE ODER TIEFER GEFÄSSE

Viele Längs- und Querholzarbeiten lassen sich aus einem einzelnen Stück Holz drechseln. In manchen Fällen, etwa einem Lampenfuß, kann es jedoch einfacher und ökonomischer sein, einen Rohling aus mehreren Holzteilen zu verleimen. Sie können entweder einzelne Schichten dünnes Material übereinander legen oder aus mehreren keilförmigen Stücken Ringe zusammenleimen. Die nötigen Keilwinkel lassen sich leicht ausrechnen: 36° für fünf Stücke, 30° für sechs Stücke und so weiter.

Ich verwende große Schlauchklemmen für eine trockene Probepassung und dann auch, um die Holzteile zum Rohling zu verleimen. (Falls die Stücke nicht gut passen, kann man die Kanten mit einem Band- oder Tellerschleifer nacharbeiten.) Bringen Sie an einem Ende ein Stück Vollholz für den Fuß an; falls Sie auch einen durchgehenden Rand möchten, bringen Sie an beiden Enden Vollholz an.

Um den Fuß einer Schale fertigzustellen, muss man oft ein auf Maß gearbeitetes Innenfutter selbst herstellen.

HINWEISE FÜR KELCHE UND ÄHNLICHES

Um ein Stück zu drechseln, das an beiden Enden breit, in der Mitte aber schmal ist – einen Kerzenhalter zum Beispiel –, drehen Sie den Fuß als Einzelteil. Leimen Sie die Stücke zusammen, wenn Sie sie geformt und geschliffen haben.

Beim Drechseln langer und dünner Arbeiten kann es nötig sein, das Stück in der Mitte mit einem Zubehörteil zu stützen, das als Lünette bezeichnet wird. Man kann eine solche Lünette kaufen oder aus Sperrholzresten und gebrauchten Inlineskate-Rädern und -kugellagern selbst herstellen. Entsprechende Anleitungen und Baupläne findet man im Internet (evtl. auch unter der englischen Bezeichnung „steady rest" suchen). Kleine, dünne Arbeiten kann man auch in einem Netz aus Garn stützen. Anleitungen zum Knüpfen eines solchen Netzes finden sich im Internet mit dem Suchbegriff „string steady rest".

GRÜNHOLZ ODER TROCKENES HOLZ?

Die meisten Mustervorlagen in diesem Buch lassen sich am besten mit abgelagertem Holz nacharbeiten. Falls Sie mit frischgeschnittenem Holz (‚Grünholz') drechseln, besteht eine gewisse Wahrscheinlichkeit, dass das Stück während des Trocknens wegen des Flüssigkeitsverlusts schrumpft, reißt oder sich verzieht.

Man kann Grünholz verwenden, muss dann allerdings Geduld aufbringen. Drechseln Sie das Stück, geben Sie ihm jedoch Übermaß. Lassen Sie bei einer Schale die Wandung und den Fuß mindestens 25 mm stark. Das genaue Maß ist nicht so wichtig, wenn es überall gleichmäßig eingehalten wird. Bei einer Langholzarbeit wird der Rohling rund gedrechselt, aber noch nicht weiter geformt.

Wickeln Sie das Stück in zwei Lagen braunes Packpapier ein, um den Flüssigkeitsverlust zu verlangsamen. Dann heißt es warten. Wiegen Sie das Stück regelmäßig (jede Woche z.B.). Wenn sich das Gewicht stabilisiert hat, nehmen Sie das Stück wieder aus dem Papier, und bearbeiten Sie es an der Drechselbank weiter.

Kapitel eins

Küchenutensilien

Es gibt eine scheinbar unendliche Auswahl an Bausätzen für Küchenutensilien, die man mit gedrechselten Griffen versehen kann: Pizzaschneider, Käsehobel, Eiskremportionierer und Gemüseschäler. Außerdem noch Flaschenstopfen und Bausätze für Pfeffermühlen und Bierzapfhähne. Ihre Gemeinsamkeit ist die Schlichtheit: Die Drechselbank ist schnell und leicht einzurichten, und das Drechseln selbst fällt auch einem Anfänger nicht schwer. Die fertigen Stücke sind als Geschenke immer willkommen.

Sie finden in diesem Kapitel Vorlagen für alle diese Griffe, außerdem eine Mustervorlage für eine Teigrolle, für Essstäbchen, einen Honiglöffel und für kleine Schöpfkellen.

Für die meisten Stücke benötigt man nur sehr wenig Holz, sodass man auch einmal zu teureren Sorten greifen kann, die sich durch besonders schöne Textur und Maserung auszeichnen. Legen Sie los, und statten Sie Ihre Küche mit nützlichen und schönen Drechselarbeiten aus.

Elegante Pfeffermühle

Die schlichte, aber praktische Formgebung lässt die Pfeffermühle gut in der Hand liegen und macht sie zu einem Blickfang auf dem Küchentresen oder dem Esstisch. Die Mustervorlage gibt es in Versionen für das 255-mm-Mahlwerk von CrushGrind und für traditionelle Mahlwerke. (Hinweis: Manchen Mahlwerke von CrushGrind benötigen Ausklinkungen im Unterteil als Aufnahme für Arretierungslaschen des Mahlwerks.) Falls Sie ein traditionelles Mahlwerk einsetzen möchten, müssen Sie entsprechend der rechten Mustervorlage Löcher bohren. Mahlwerke für Pfeffermühlen werden in der Regel mit Anleitung verkauft, aus denen die Abfolge des Bohrens und Drechselns hervorgeht. Außerdem wird die Größe des benötigten Rohlings angegeben.

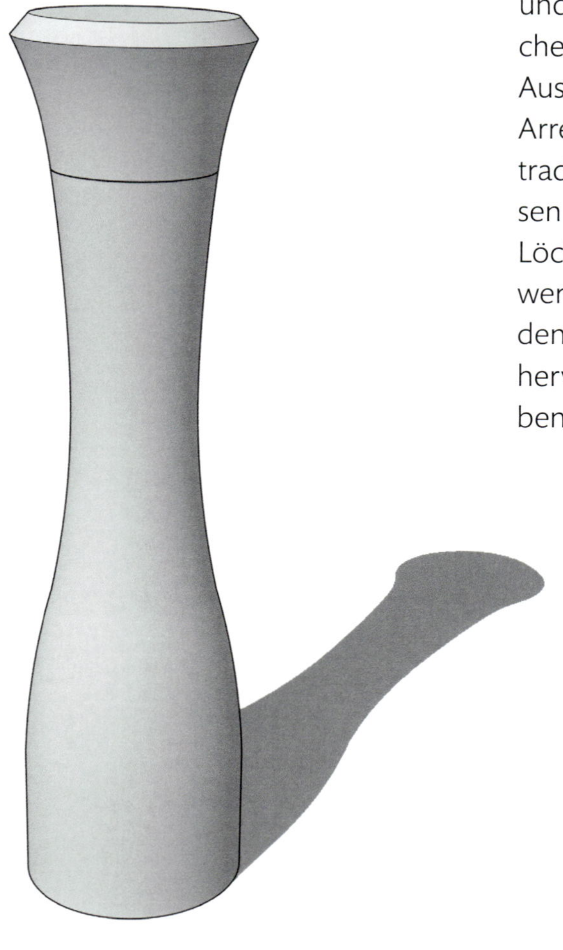

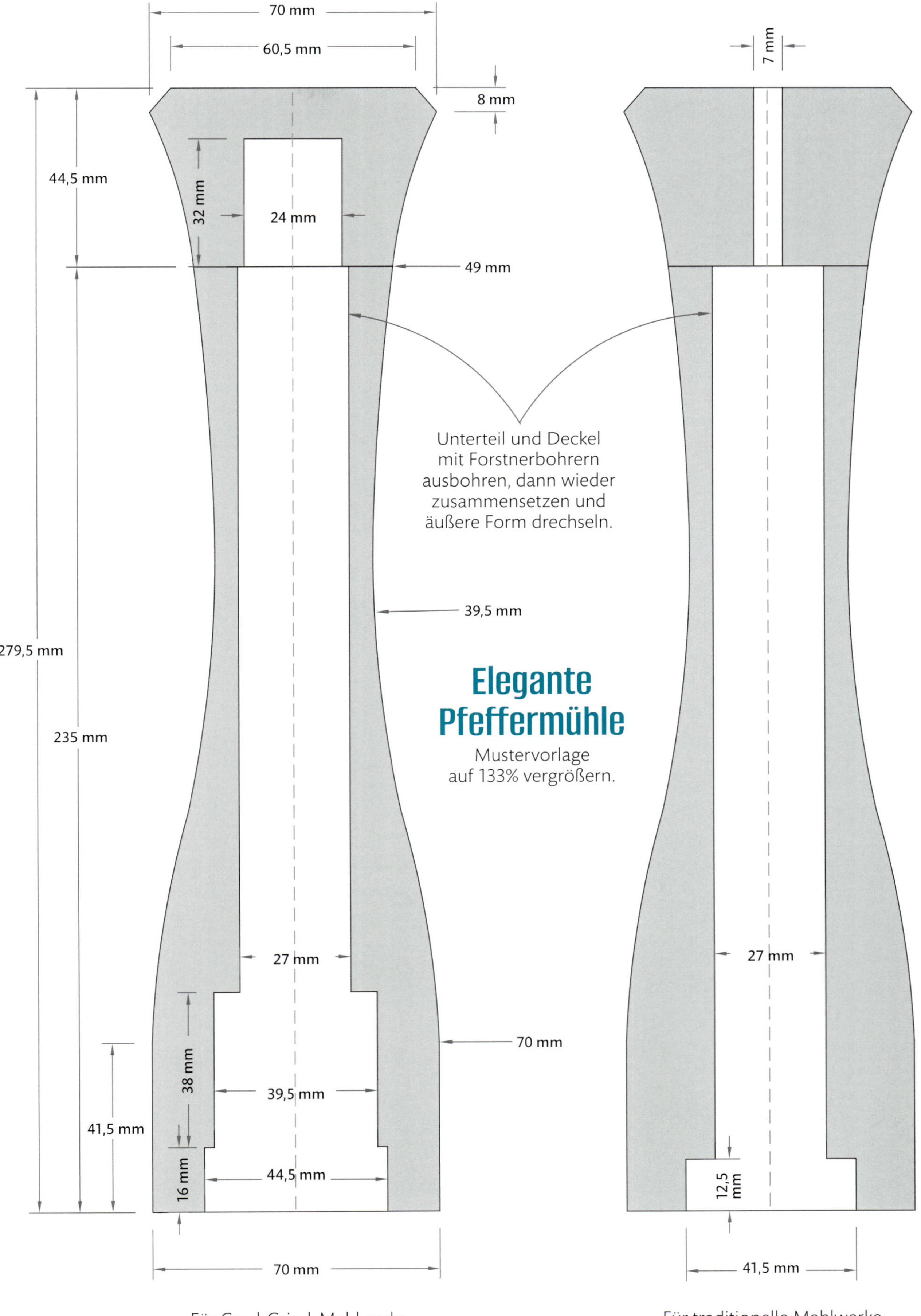

Für CrushGrind-Mahlwerke

Für traditionelle Mahlwerke

Klassische Pfeffermühle

Eine relative einfache Version der traditionellen Pfeffermühle. Die Gestaltung bietet verschiedene Variationsmöglichkeiten: Die einfache Innenwölbung des Unterteils könnte einem anmutigen Karniesprofil weichen. Der einfache Rundstab im Unterteil kann durch einen doppelten ersetzt werden oder ganz entfallen. Sie können das runde Oberteil auch kleiner machen oder es mit einer zusammengesetzten Kurve drechseln, sodass es dem Zwiebeldach mancher Kirchtürme ähnelt.

Mahlwerke für Pfeffermühlen werden in der Regel mit Anleitung verkauft, aus denen die Abfolge des Bohrens und Drechselns hervorgeht. Außerdem wird die Größe des benötigten Rohlings angegeben. (Hinweis: Manche Mahlwerke von CrushGrind benötigen Ausklinkungen im Unterteil als Aufnahme für Arretierungslaschen des Mahlwerks.)

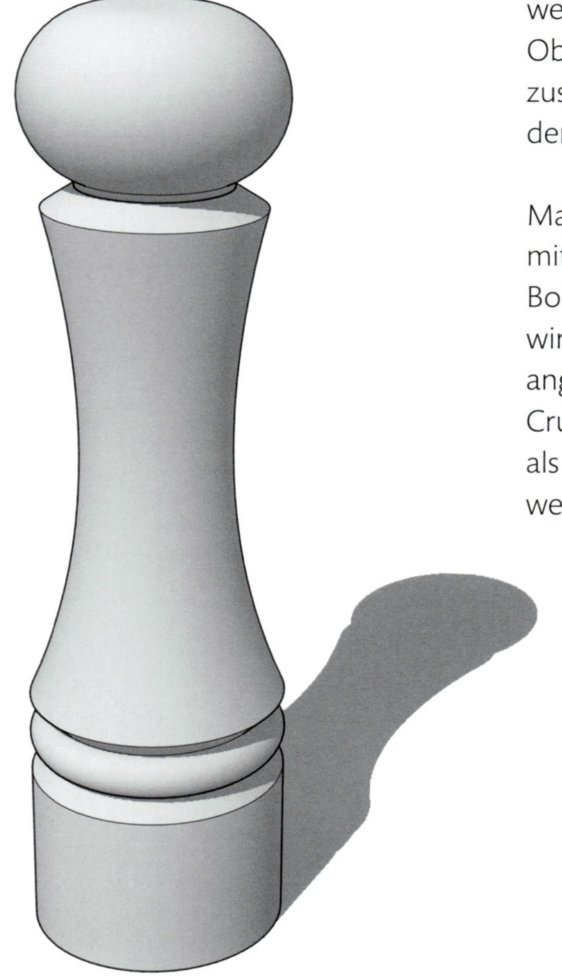

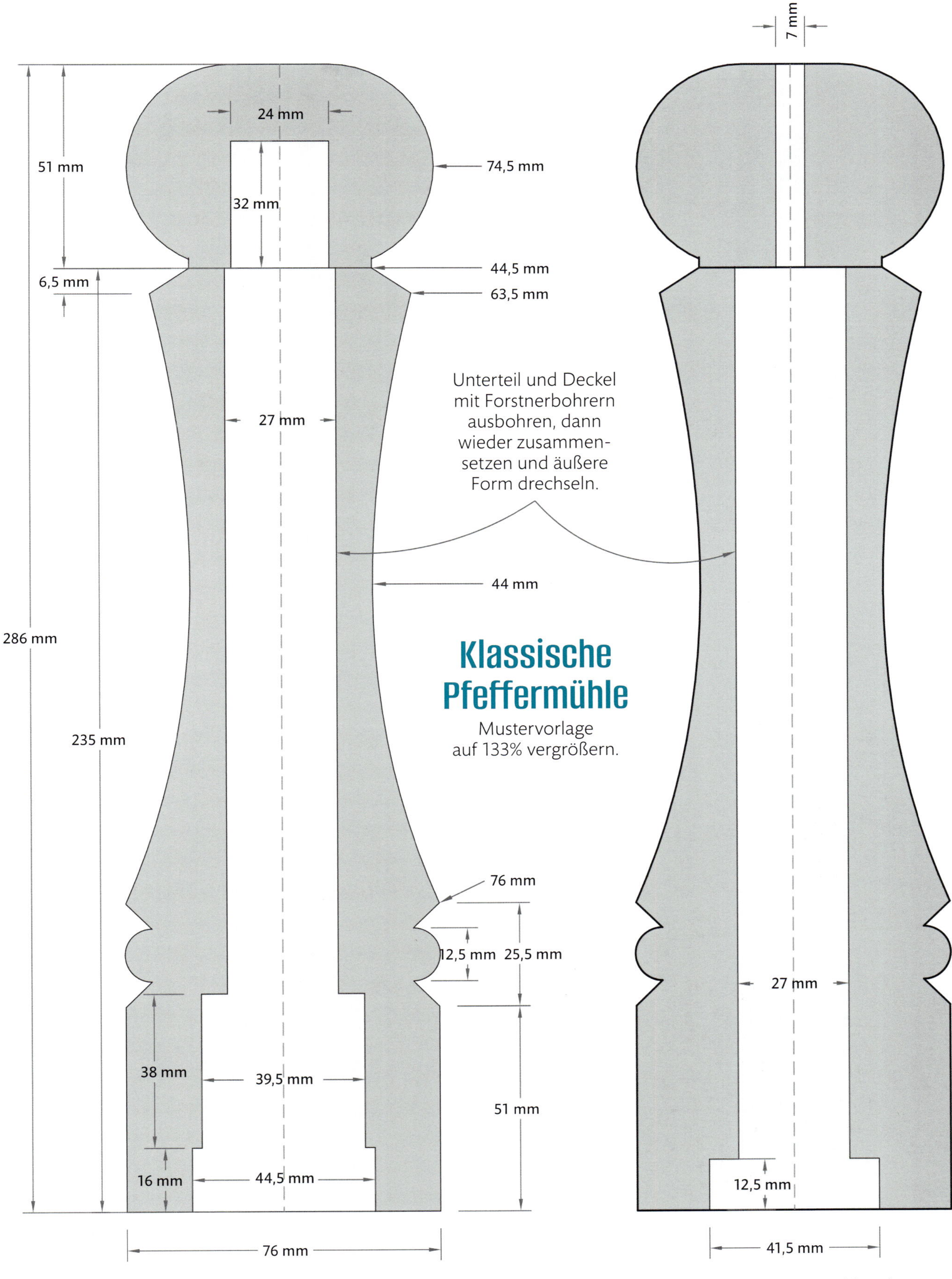

Klassische Pfeffermühle

Mustervorlage auf 133% vergrößern.

Für CrushGrind-Mahlwerke

Für traditionelle Mahlwerke

Moderne Pfeffermühle

Dieses Stück sollte sehr leicht zu drechseln sein, da es nur aus einem einfachen Zylinder und einem Oberteil mit leicht gewölbtem Deckel besteht. Optisch wird es durch drei Sätze von jeweils drei Kehlen und einigen Fasen aufgelockert. Man kann die Kehlen mit dem Schrägmeißel oder Abstechstahl andrehen. Falls Sie die Pfeffermühle aus einem hellen Holz drechseln, können Sie sie auch mit einem Stück Draht einbrennen, das Sie in das Holz drücken.

Wie die anderen Mustervorlagen für Pfeffermühlen kann auch diese mit einem CrushGrind-Mahlwerk oder einem traditionellen Mahlwerk verwendet werden. Mahlwerke für Pfeffermühlen werden in der Regel mit Anleitung verkauft, aus denen die Abfolge des Bohrens und Drechselns hervorgeht. Außerdem wird die Größe des benötigten Rohlings angegeben. (Hinweis: Manchen Mahlwerke von CrushGrind benötigen Ausklinkungen im Unterteil als Aufnahme für Arretierungslaschen des Mahlwerks.)

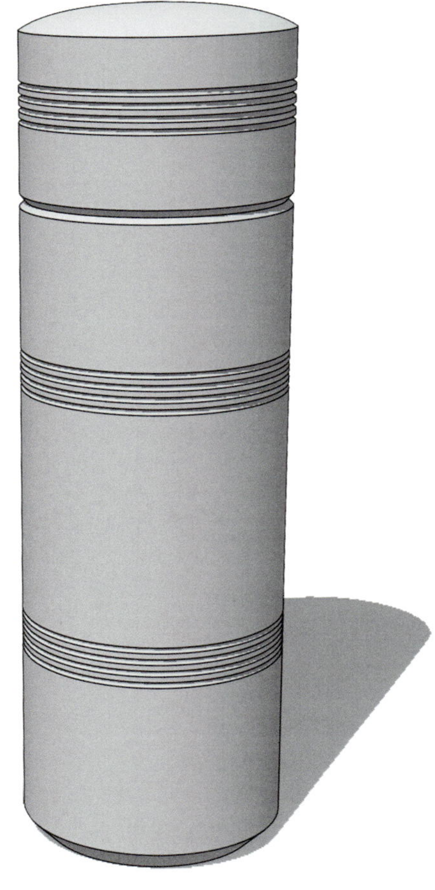

Moderne Pfeffermühle

Mustervorlage
auf 133% vergrößern.

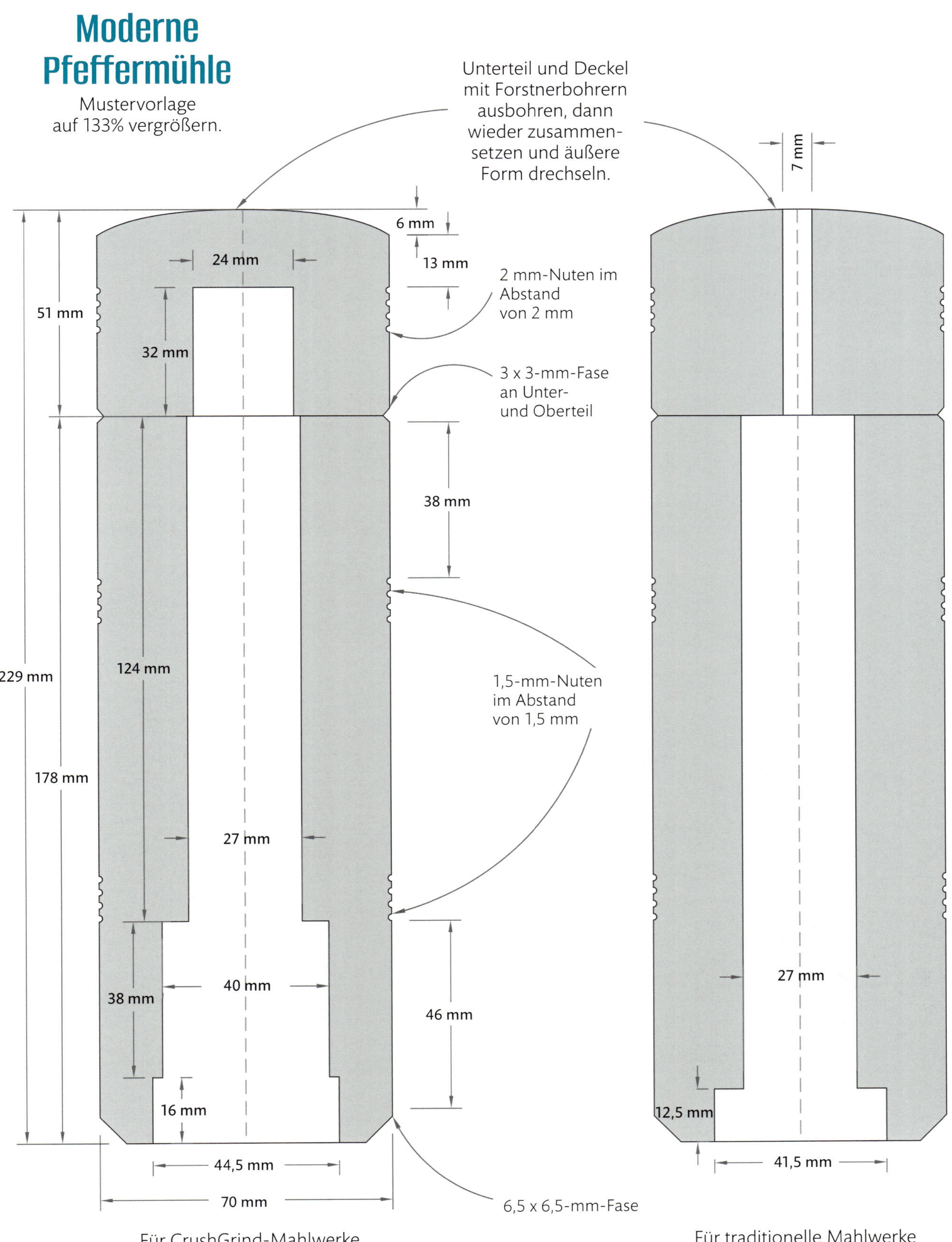

Für CrushGrind-Mahlwerke

Für traditionelle Mahlwerke

Traditionelle Pfeffermühle

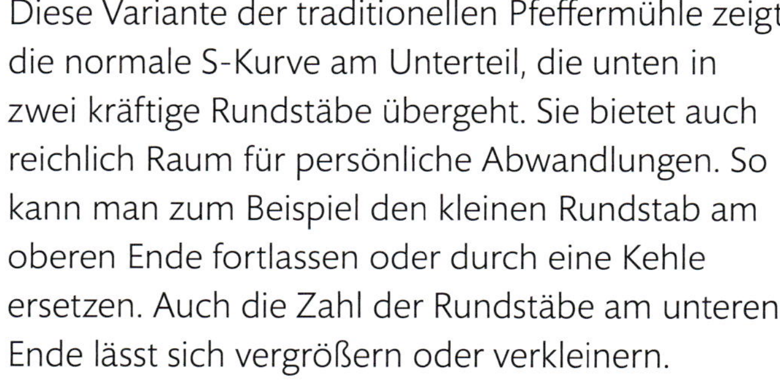

Diese Variante der traditionellen Pfeffermühle zeigt die normale S-Kurve am Unterteil, die unten in zwei kräftige Rundstäbe übergeht. Sie bietet auch reichlich Raum für persönliche Abwandlungen. So kann man zum Beispiel den kleinen Rundstab am oberen Ende fortlassen oder durch eine Kehle ersetzen. Auch die Zahl der Rundstäbe am unteren Ende lässt sich vergrößern oder verkleinern.

Mahlwerke für Pfeffermühlen werden in der Regel mit Anleitung verkauft, aus denen die Abfolge des Bohrens und Drechselns hervorgeht. Außerdem wird die Größe des benötigten Rohlings angegeben. (Hinweis: Manchen Mahlwerke von Crush-Grind benötigen Ausklinkungen im Unterteil als Aufnahme für Arretierungslaschen des Mahlwerks.)

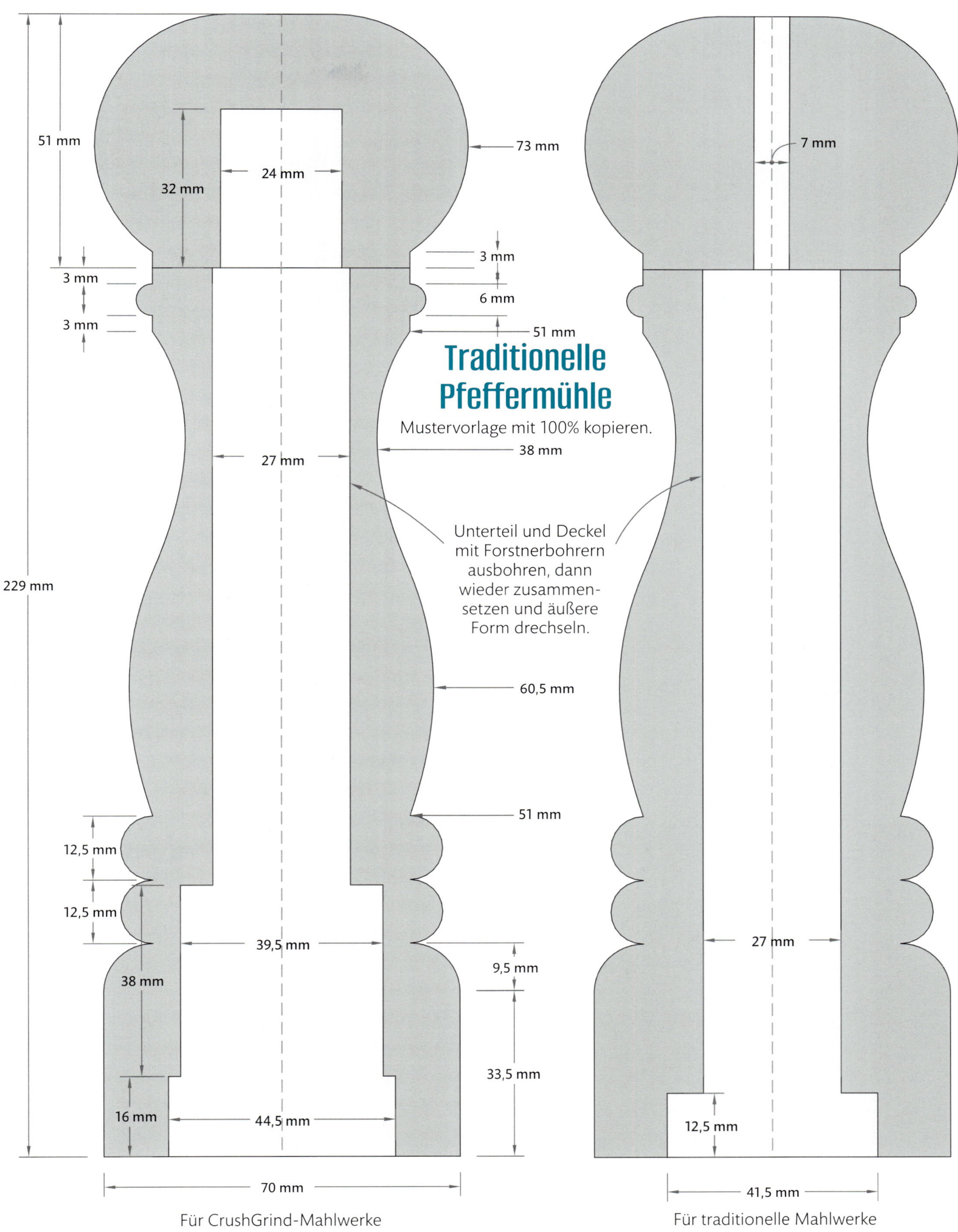
229 mm
51 mm
32 mm
24 mm
73 mm
3 mm
3 mm
3 mm
6 mm
51 mm
Traditionelle Pfeffermühle
Mustervorlage mit 100% kopieren.
27 mm
38 mm
Unterteil und Deckel mit Forstnerbohrern ausbohren, dann wieder zusammensetzen und äußere Form drechseln.
60,5 mm
51 mm
12,5 mm
12,5 mm
39,5 mm
9,5 mm
38 mm
33,5 mm
16 mm
44,5 mm
70 mm
Für CrushGrind-Mahlwerke
7 mm
27 mm
12,5 mm
41,5 mm
Für traditionelle Mahlwerke

Geometrische Pfeffermühle

Gibt es etwas Schlichteres als eine Kugel, die auf einem Zylinder ruht? Dieses geometrische Duo passt überaus gut zu einer modernen Inneneinrichtung. Nach der Mustervorlage kann man eine Pfeffer- und eine Salzmühle als Paar drechseln. Wählen Sie ein helles Holz wie Ahorn oder Birke für die Salzmühle und Mahagoni, Palisander oder Nussbaum für die Pfeffermühle. Der Entwurf lässt sich auch leicht abwandeln, falls man ein Paar höherer Mühlen drehen möchte.

Mahlwerke für Pfeffermühlen werden in der Regel mit Anleitung verkauft, aus denen die Abfolge des Bohrens und Drechselns hervorgeht. Außerdem wird die Größe des benötigten Rohlings angegeben. (Hinweis: Manchen Mahlwerke von Crush-Grind benötigen Ausklinkungen im Unterteil als Aufnahme für Arretierungslaschen des Mahlwerks.)

Geometrische Pfeffermühle

Mustervorlage mit 100% kopieren.

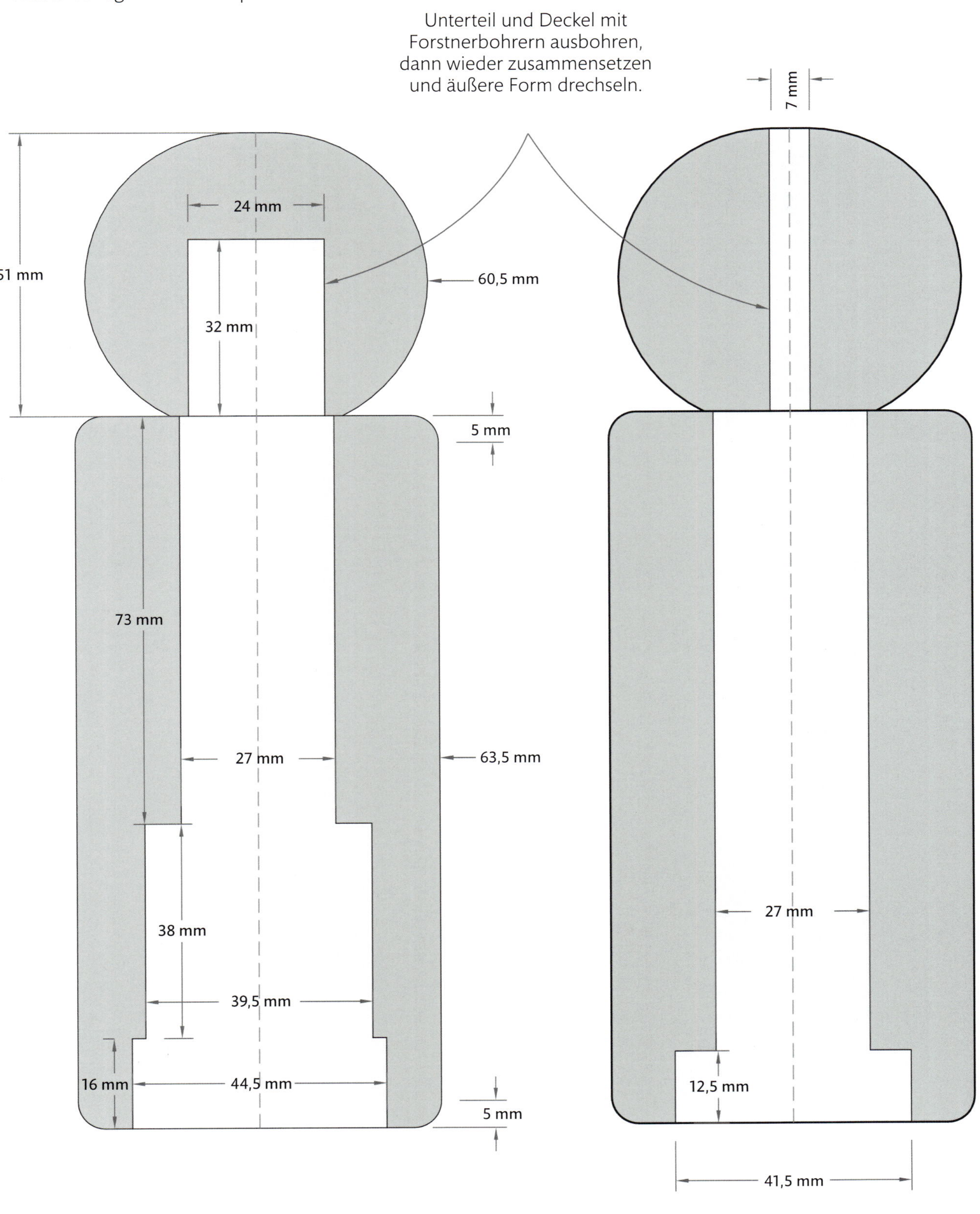

Für CrushGrind-Mahlwerke

Für traditionelle Mahlwerke

Küchenutensilien

Restaurant-Pfeffermühle

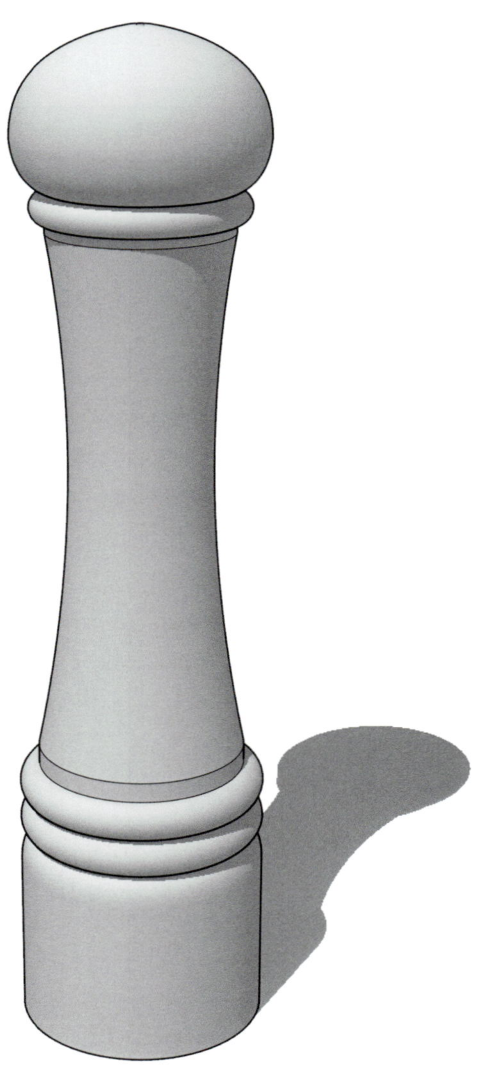

Diese Riesin unter den Pfeffermühlen ist mit ihren 33 Zentimetern Höhe von den Exemplaren inspiriert, die von den Servicekräften in hochklassigen Restaurants geschwungen werden. Geben Sie Ihrer nächsten Mahlzeit zu Hause das gewisse Etwas, indem Sie das Gericht Ihres Gegenübers am Tisch mit frisch gemahlenem Pfeffer würzen. Wie die anderen Mustervorlagen für Pfeffermühlen kann auch diese für ein CrushGrind-Mahlwerk oder ein traditionelles Mahlwerk verwendet werden,

Mahlwerke für Pfeffermühlen werden in der Regel mit Anleitung verkauft, aus denen die Abfolge des Bohrens und Drechselns hervorgeht. Außerdem wird die Größe des benötigten Rohlings angegeben. (Hinweis: Manchen Mahlwerke von CrushGrind benötigen Ausklinkungen im Unterteil als Aufnahme für Arretierungslaschen des Mahlwerks.)

Restaurant-Pfeffermühle

Mustervorlage
mit 133% kopieren.

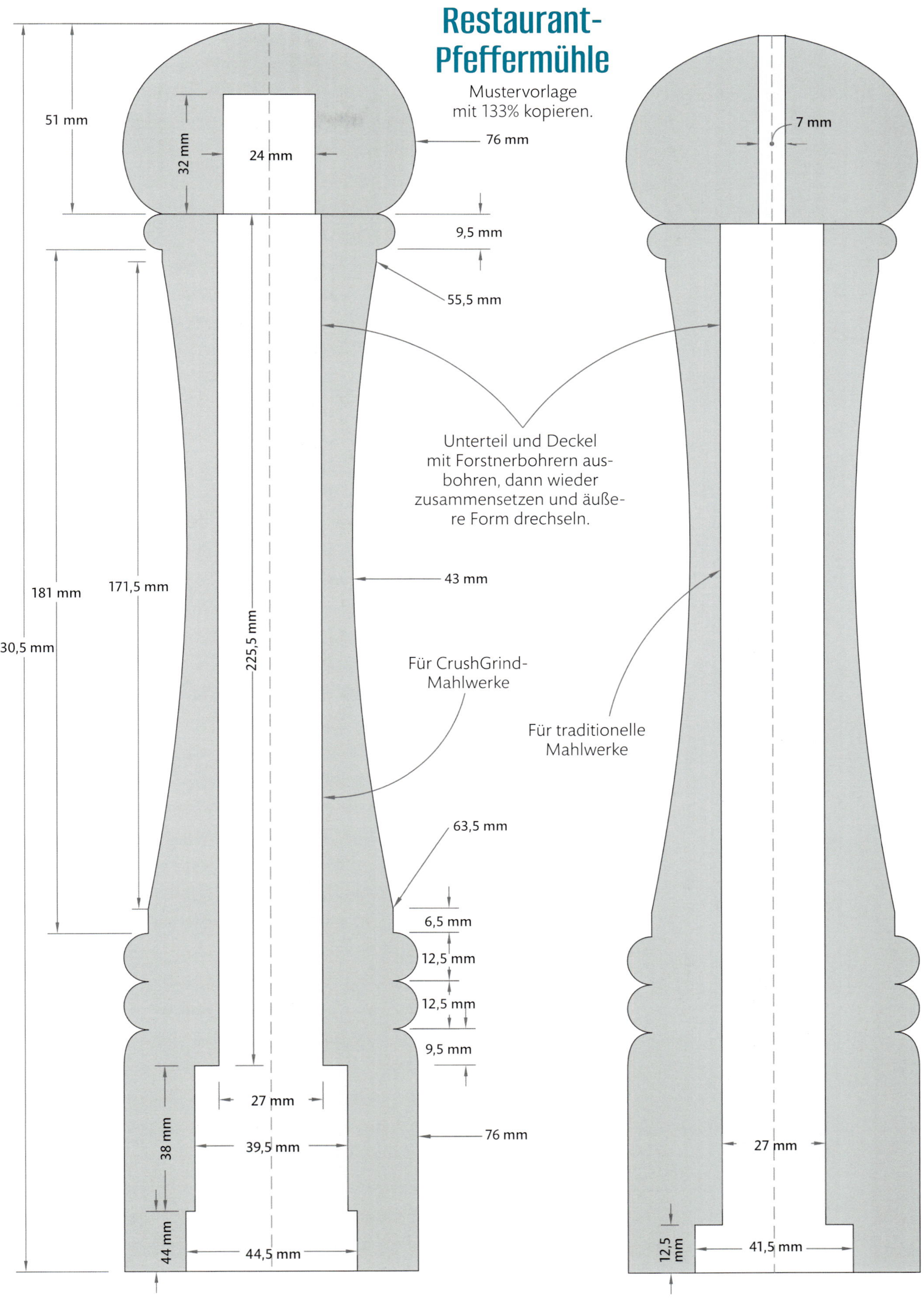

Küchenutensilien

Salz- und Pfeffernäpfchen

Salznäpfchen sieht man heute nicht mehr so häufig, im Mittelalter und der Renaissance standen sie jedoch bei Arm wie Reich auf dem Tisch. Sie sind ideal für grobkörniges Salz und für Gewürze, die leicht verklumpen oder nicht durch die Löcher eines normalen Salzstreuers passen. Diese zusammenpassenden Salz- und Pfeffernäpfchen sind eigentlich zwei kleine gedrechselte Büchsen mit dicht schließenden Deckeln. Jede Büchse ist 75 mm hoch und 50 im Durchmesser. Das Drechseln geht schnell von der Hand, wenn man den größten Teil des Verschnitts im Inneren mit einem Forstner-Bohrer entfernt.

Um das Salz vom Pfeffer auch unterscheiden zu können, ohne den Deckel zu öffnen, kann man das eine Näpfchen aus hellem Holz wie Ahorn drechseln und das andere aus einem dunkleren wie Mahagoni oder Nussbaum. Oder man dreht beide aus einem helleren Holz, kennzeichnet das Pfeffernäpfchen jedoch, indem man mit einem gegen das Stück gehaltenen Draht Linien hineinbrennt. In das Salznäpfchen schneiden Sie mit der Spitze eines Schrägmeißels Nuten.

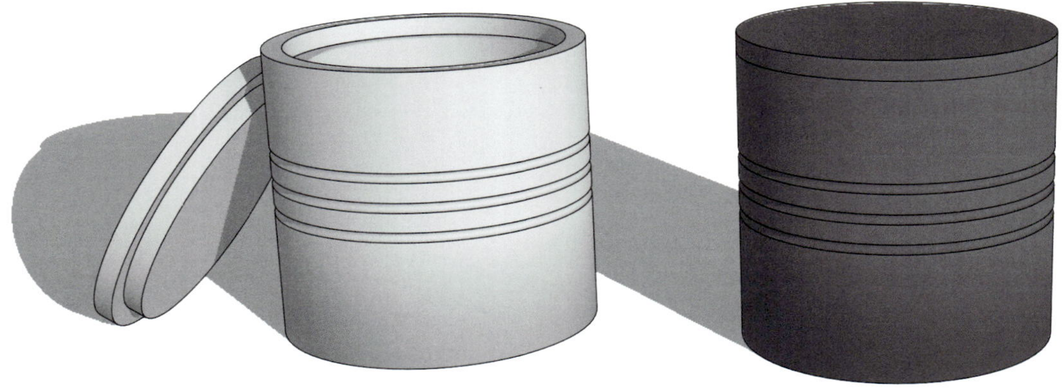

Salz- und Pfeffernäpfchen

Mustervorlage mit 100% kopieren.

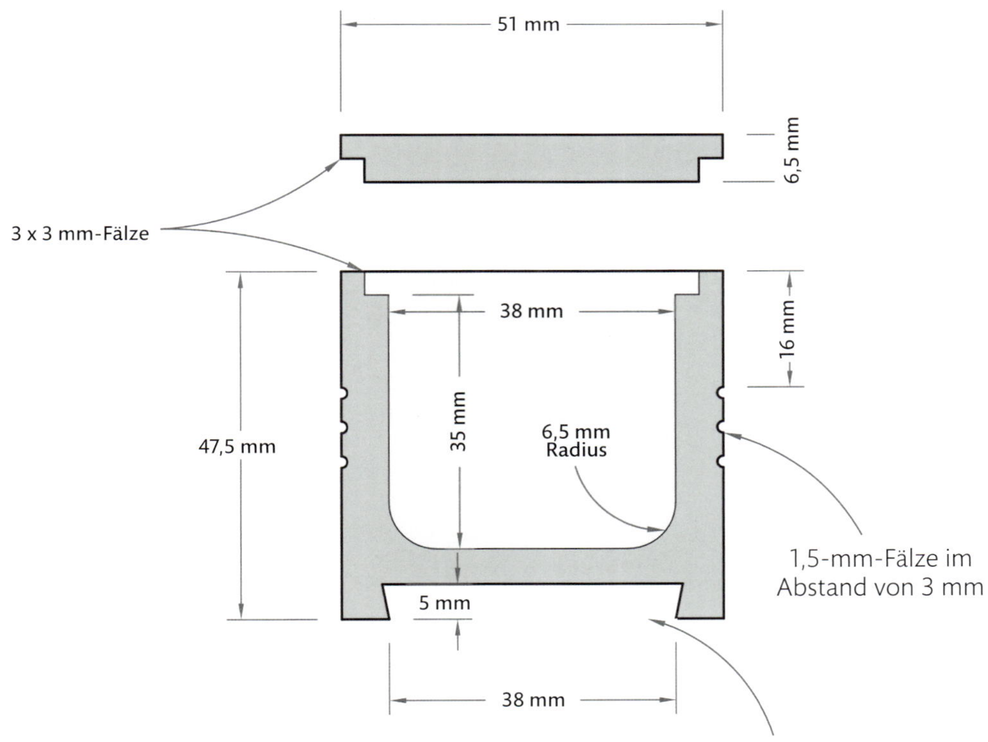

Flaschenstopfen, Teil Eins

Solche kleinen Stopfen sind schnell und leicht zu drechseln, und sie bieten Gelegenheit, auch einmal ausgefallenere Holzarten mit schöner Maserung und Textur zu verwenden. Wenn man unterschiedliche Formen dreht, helfen die Stopfen, den Rot- vom Weißwein oder den Gin vom Wermut zu unterscheiden. Bei der linken Form kann man jedes einzelne Stück in einem Satz eindeutig kennzeichnen, indem man unterschiedliche Glas- oder Metalleinsätze in die obere Vertiefung klebt.

Das gedrechselte Teil wird auf einen Rundstab geklebt, an dem ein Stöpsel aus Kork oder konisch geformtem Kunststoff befestigt ist. Achten Sie darauf, das Loch an der Unterseite des Stopfens passend zur Größe des Rundstabs zu schneiden, der mit dem Bausatz geliefert wurde.

Flaschenstopfen, Teil Eins

Mustervorlage mit 100% kopieren.

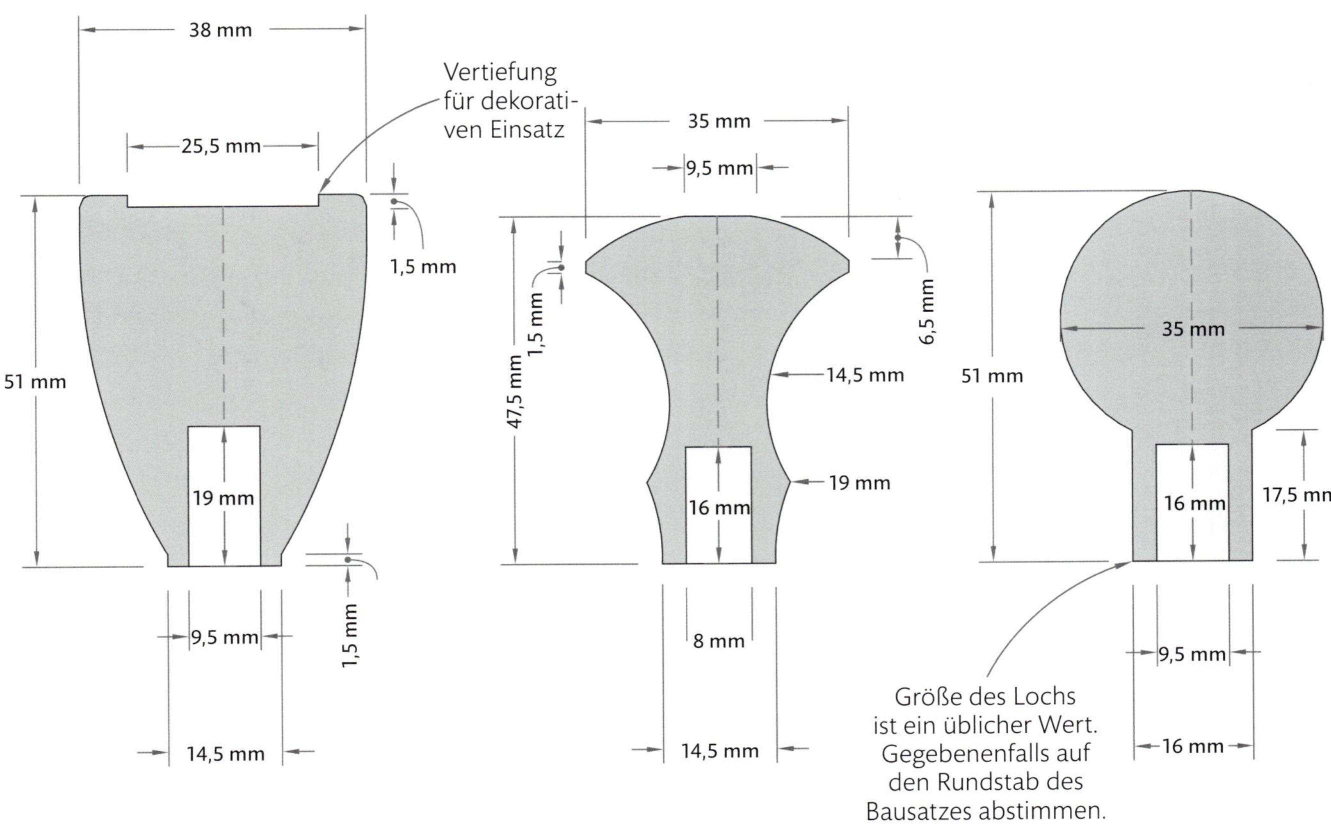

Küchenutensilien

Flaschenstopfen, Teil Zwei

Diese Stopfen sind etwas kreativer als die letzten Beispiele. Die Nuten und Rundstäbe machen es leichter, den Stopfen wieder aus dem Flaschenhals zu ziehen, falls er zu kräftig hineingedrückt worden ist. Ein Stopfen ist mit zwei Rundstabsätzen verziert. Einer besteht nur aus scharfen Kanten und V-Nuten. Und einer verjüngt sich elegant von oben nach unten.

Das gedrechselte Teil wird auf einen Rundstab geklebt, an dem ein Stöpsel aus Kork oder konisch geformten Kunststoff befestigt ist. Achten Sie darauf, das Loch an der Unterseite des Stopfens passend zur Größe des Rundstabs zu schneiden, der mit dem Bausatz geliefert wurde.

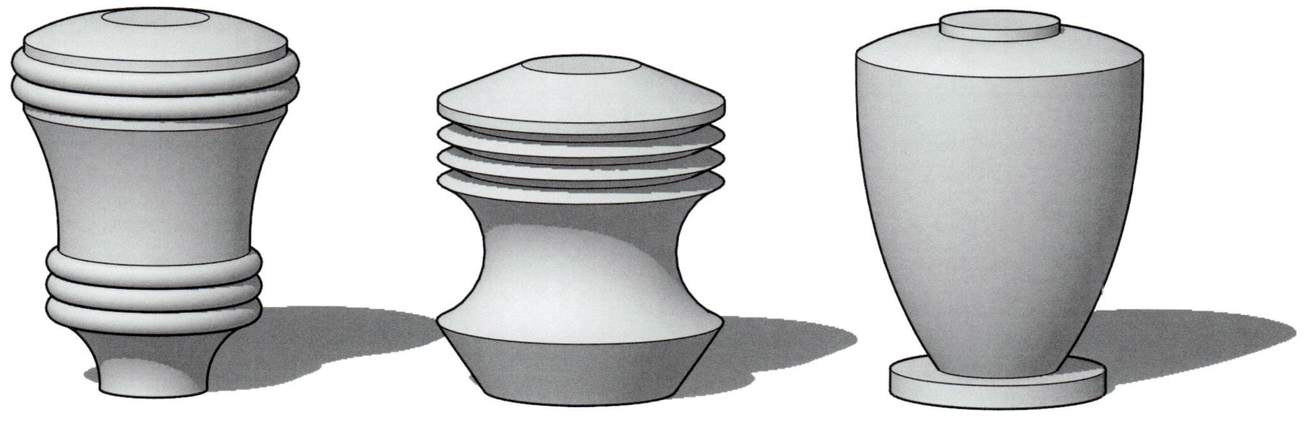

Flaschenstopfen, Teil Zwei

Mustervorlage mit 100% kopieren.

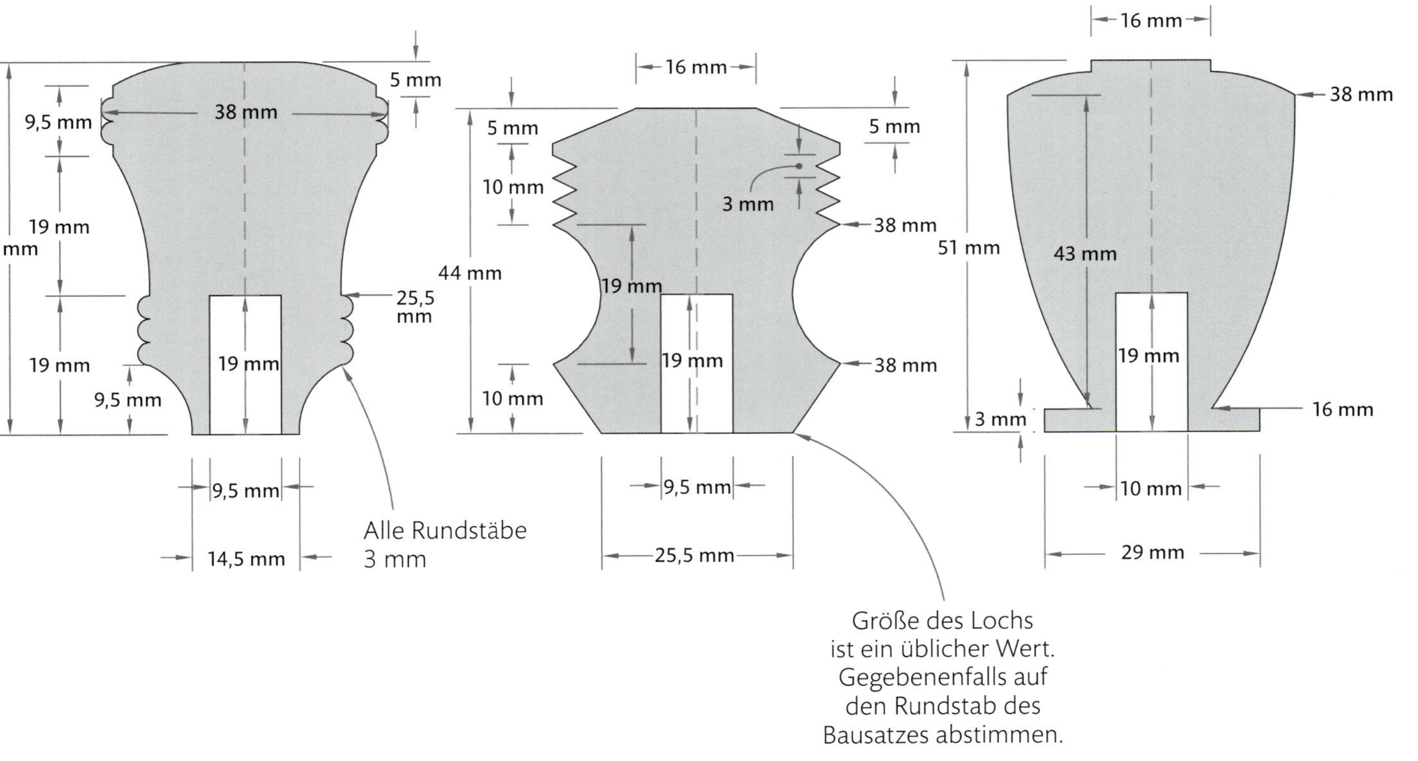

Flaschenstopfen, Teil Drei

Dieses elegante Trio besteht aus einem eiförmigen Stück mit einfachen Nuten, einem traditionelleren mit Kugel und Kegelstumpf und einem Exemplar mit weiter Kehle, das an eine Schachfigur erinnert.

Das gedrechselte Teil wird auf einen Rundstab geklebt, an dem ein Stöpsel aus Kork oder konisch geformten Kunststoff befestigt ist. Achten Sie darauf, das Loch an der Unterseite des Stopfens passend zur Größe des Rundstabs zu schneiden, der mit dem Bausatz geliefert wurde.

Flaschenstopfen, Teil Drei

Mustervorlage mit 100% kopieren.

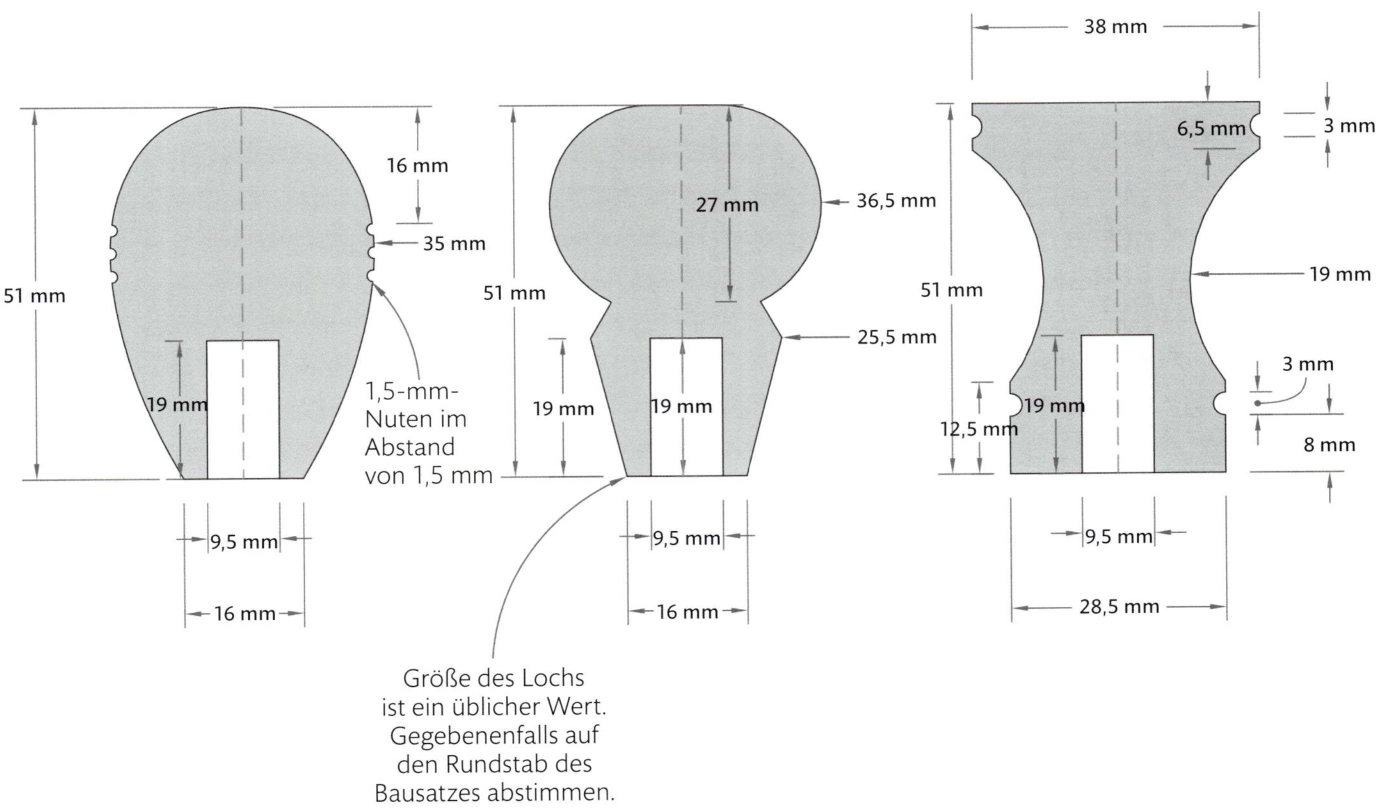

Allzweck-küchenschaufel

In jeder Küche werden kleinen Küchenschaufeln für Mehl, Zucker, Kaffee, Tee, Gewürze und anderes Schüttgut benötigt. Richard Raffan, einer der führenden Drechsler der Welt, stellte Tausende solcher Schaufeln her und verkaufte sie, als er begann, mit dem Drechseln seinen Lebensunterhalt zu bestreiten.

Die Mustervorlage gibt als Materialstärke 1,5 mm für die Wand der Schütte an, aber dieses Maß ist nichts Geheimnisvolles. Drehen Sie die Schütte so dünn wie möglich, und versuchen Sie eine möglichst gleichmäßige Wandstärke zu erzielen.

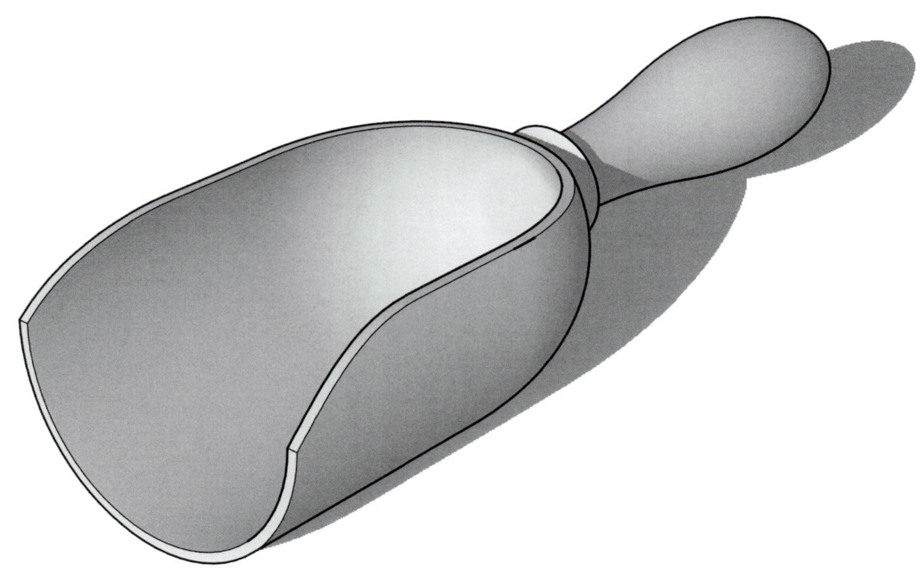

Allzweckküchen-schaufel

Mustervorlage mit 100% kopieren.

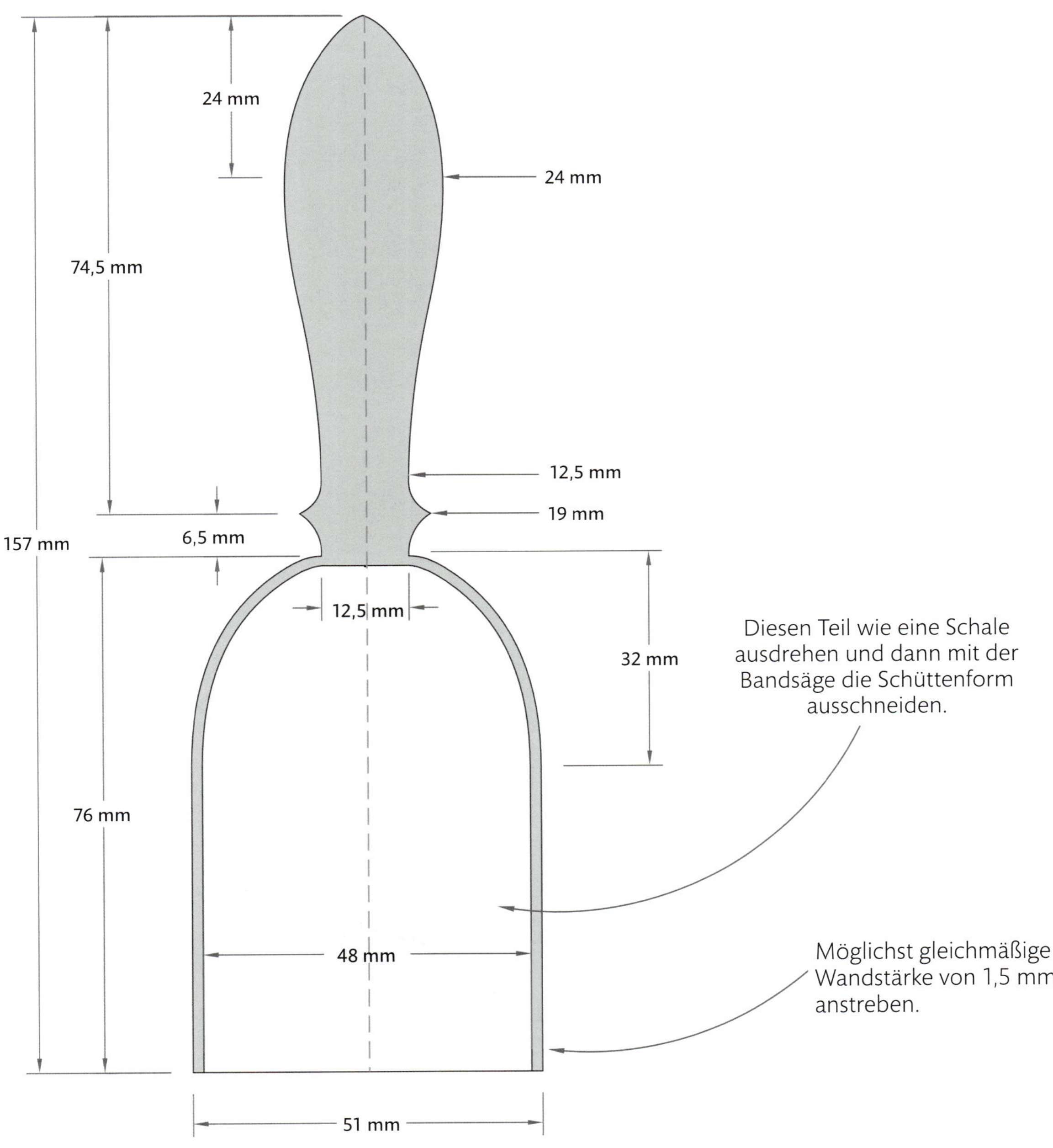

Küchenutensilien

Kaffeelot

Mike Peace ist ein sehr produktiver Drechsler im US-Staat Georgia. In einem Artikel der Verbandszeitschrift der amerikanischen Drechslervereinigung American Woodturner beschrieb er, wie dieser außergewöhnliche Messlöffel gedrechselt wird. Der Rohling wird zwischen Spitzen eingespannt. Dann drehen sie zuerst den Griff und die Kugel als Außenseite der Löffelschale.

Um die Löffelschale fertigzustellen, muss das Stück in einer speziellen Vorrichtung eingespannt werden, die aus zwei Holzringen besteht, die mit Schrauben und Muttern zusammengezogen werden. Darin wird das Stück sicher eingespannt, während man das Innere der Löffelschale aushöhlt.

Die angegebenen Abmessungen sind ideal für ein einzelnes Maß Kaffee.

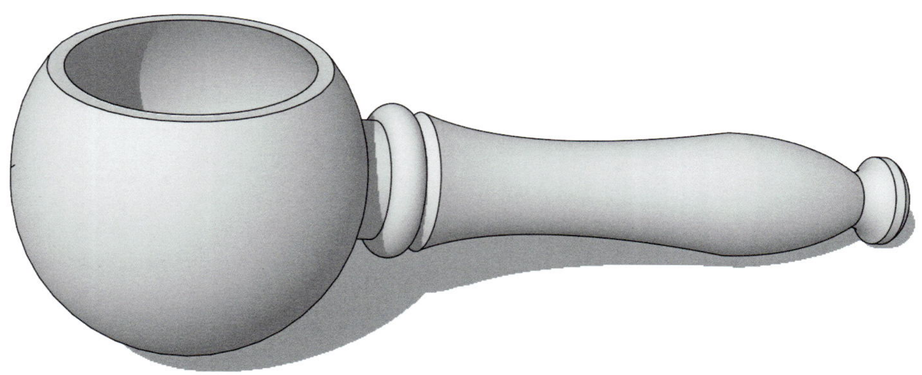

Kaffeelot

Mustervorlage mit 100% kopieren.

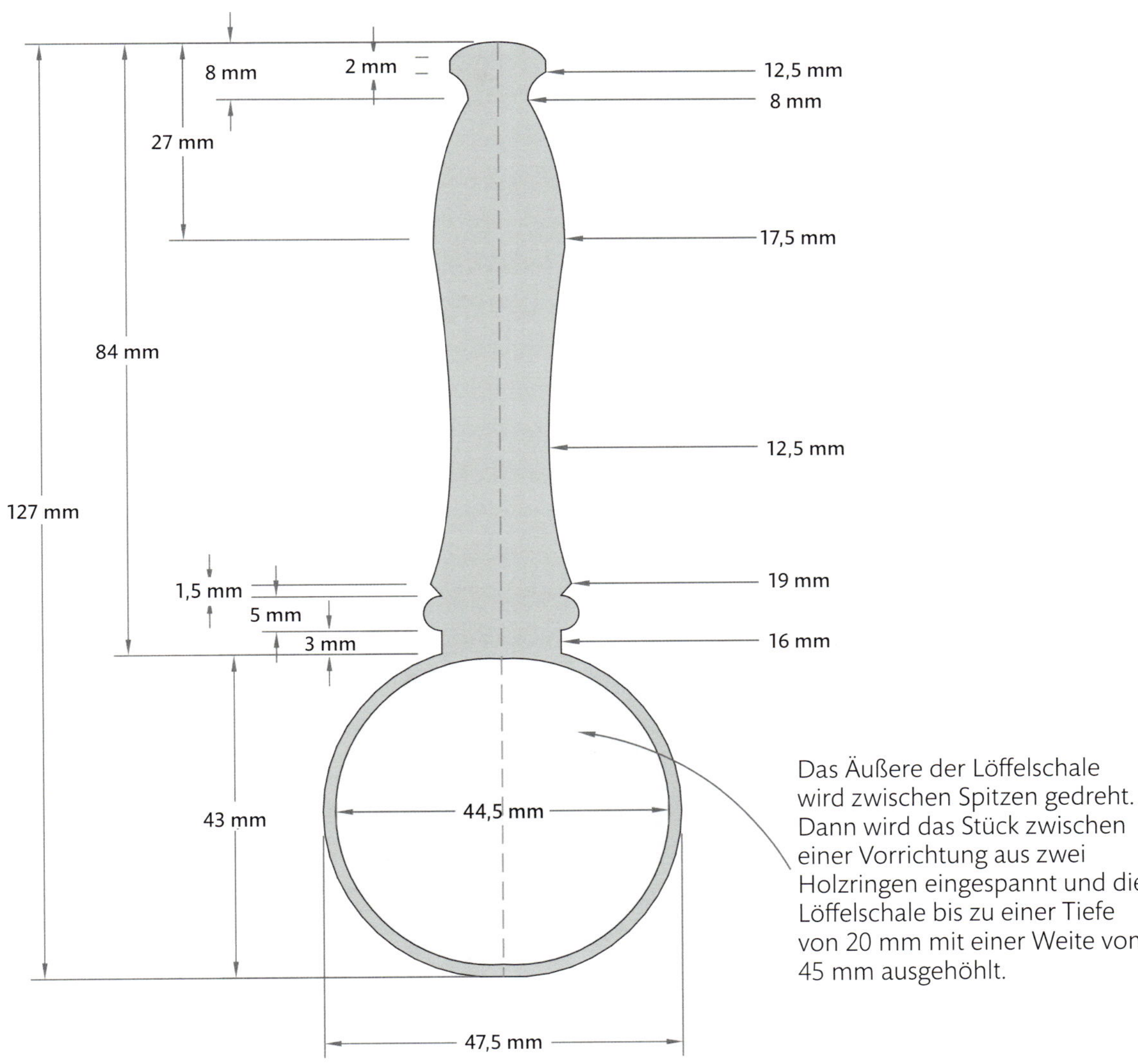

Das Äußere der Löffelschale wird zwischen Spitzen gedreht. Dann wird das Stück zwischen einer Vorrichtung aus zwei Holzringen eingespannt und die Löffelschale bis zu einer Tiefe von 20 mm mit einer Weite von 45 mm ausgehöhlt.

Honiglöffel

Der Honiglöffel ist ein klassisches Werkstück für angehende Drechsler, das sich schnell und leicht drehen lässt. Außerdem ist es ein nützliches und ansprechendes Zubehörteil für den Frühstückstisch. Am besten dreht man den genuteten Ballen am Reitstockende der Drehbank und arbeitet sich dann zum Spindelstock hin, um den Griff zu formen. Die Oberfläche wird größtenteils in der Drehbank geschliffen, nur die Enden werden nach dem Abstechen manuell nachgeschliffen.

Honiglöffel

Mustervorlage mit 100% kopieren.

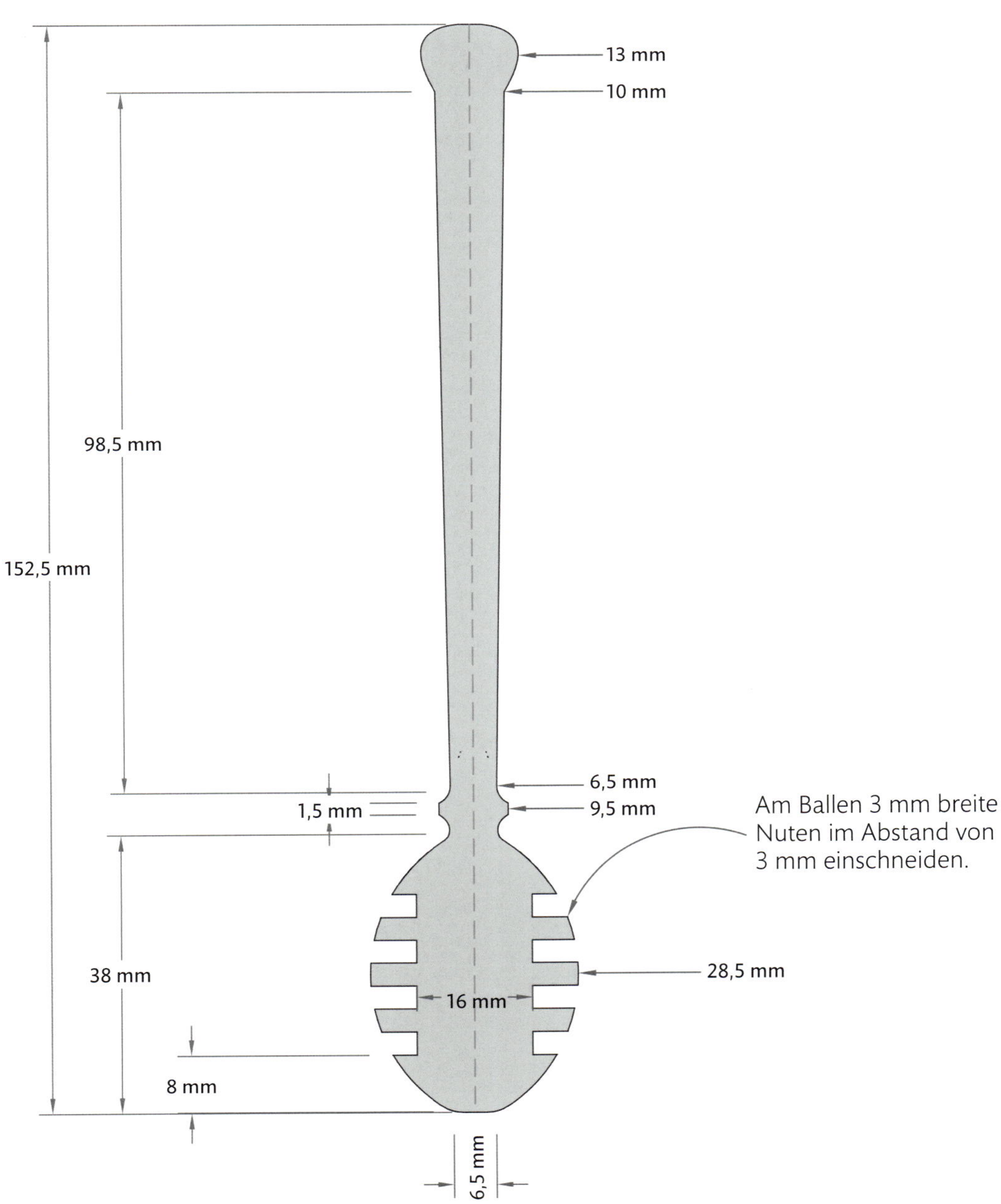

Maßgefertigte Essstäbchen

Äußerlichkeiten können trügerisch sein. Man könnte denken, es sei leicht, ein Paar Essstäbchen zu drechseln. Tatsächlich kann das Drehen langer, dünner Gegenstände eine Herausforderung sein. Andererseits bietet es auch Gelegenheit, die eigenen Fähigkeiten als Drechsler zu verbessern.

Die 230 mm langen Essstäbchen, die hier gezeigt werden, entstehen aus einem Rohling mit 250 mm Länge und einem Querschnitt von 7 x 7 mm. Spannen Sie den Ring am Spindelstock mit einem Spannzangenfutter, einem Backenfutter mit PIN JAWS oder einem Bohrmaschinenfutter ein, und halten Sie das andere Ende mit einem Ring-Mitnehmer am Reitstockende. Arbeiten Sie vom Reitstock zum Spindelstock, um den runden, sich verjüngenden Teil des Essstäbchens zu drehen. Führen Sie mit einem scharfen Werkzeug nur leichte Schnitte aus, und stützen Sie das Holz vorsichtig mit der freien Hand ab, damit es sich nicht durchbiegt.

Brechen Sie die Kanten am quadratischen Ende des Essstäbchens mit Schleifpapier oder leichten Schnitten eines Drechseleisens. Stechen Sie das Stück am Spindelstock ab, und schleifen Sie beide Enden glatt.

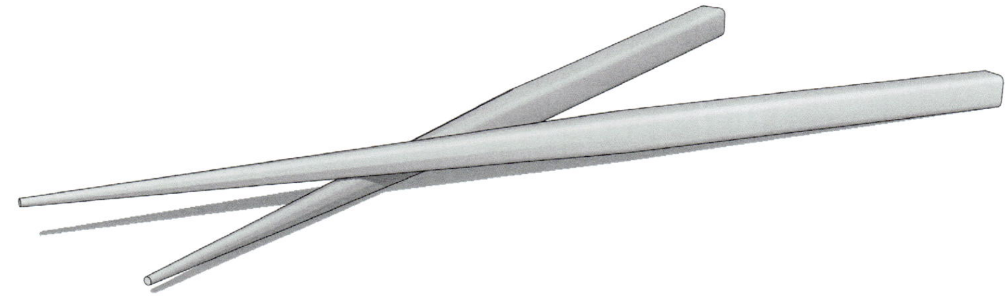

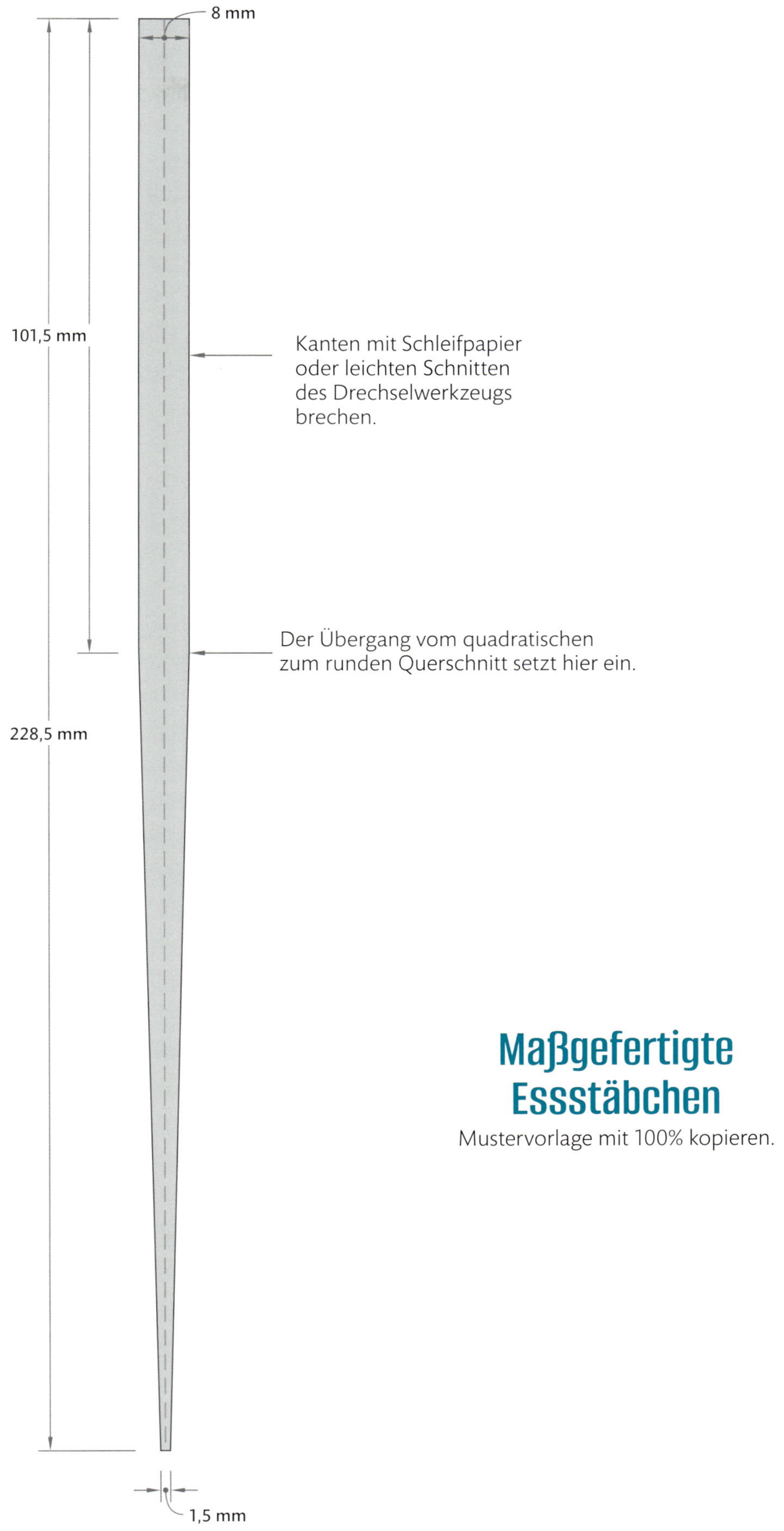

Maßgefertigte Essstäbchen

Mustervorlage mit 100% kopieren.

Griffe für Küchenhelfer, Teil Eins

Nichts lässt so deutlich erkennen, dass man sich in der Küche eines Drechslers befindet, wie die handgefertigten Griffe an den Hilfsgerätschaften. Die hier gezeigten Griffe lassen sich an den Metallteilen von Pizzaschneidern und Käsehobeln, an Flaschenöffnern und Eiskremportionieren und vielem mehr anbringen. Fast alle solche Metallteile haben eine Angel, die in ein Loch im Griff eingesetzt wird. Allerdings sind die Maße von Hersteller zu Hersteller unterschiedlich, Sie müssen also die Größe des Lochs und des unteren Griffteils nach Ihren Gegebenheiten abwandeln.

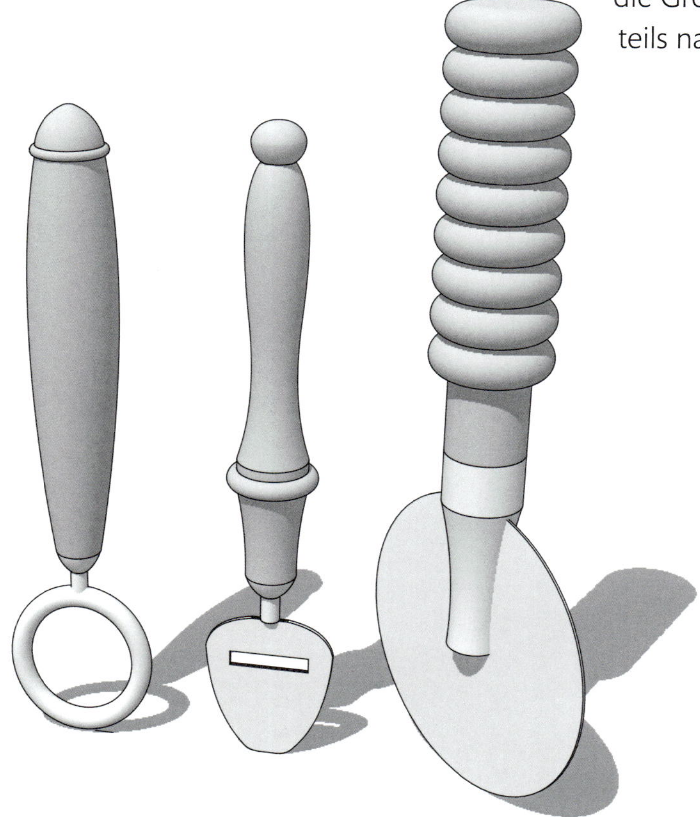

Griffe für Küchenhelfer, Teil Eins

Mustervorlage mit 100% kopieren.

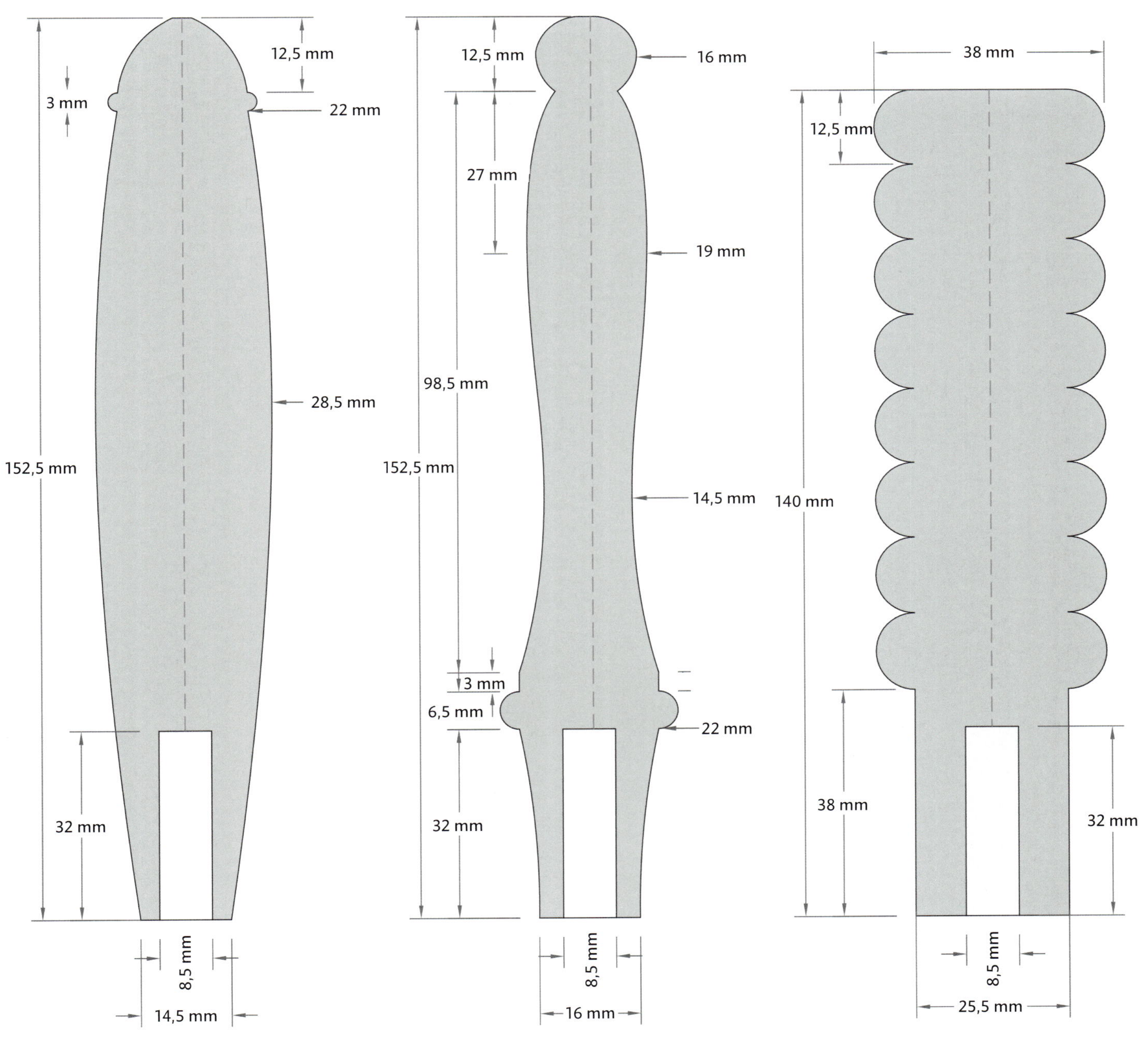

Griffe für Küchenhelfer, Teil Zwei

Drei weitere Griffformen, die gut zu unterschiedlichen Küchenutensilien passen, etwa einem Pizzaschneider, einem Schälmesser, Käsehobel oder Salatbesteck. Die hier angegebenen Grundmaße sind auch ein guter Ausgangspunkt, um eigene Entwürfe zu gestalten.

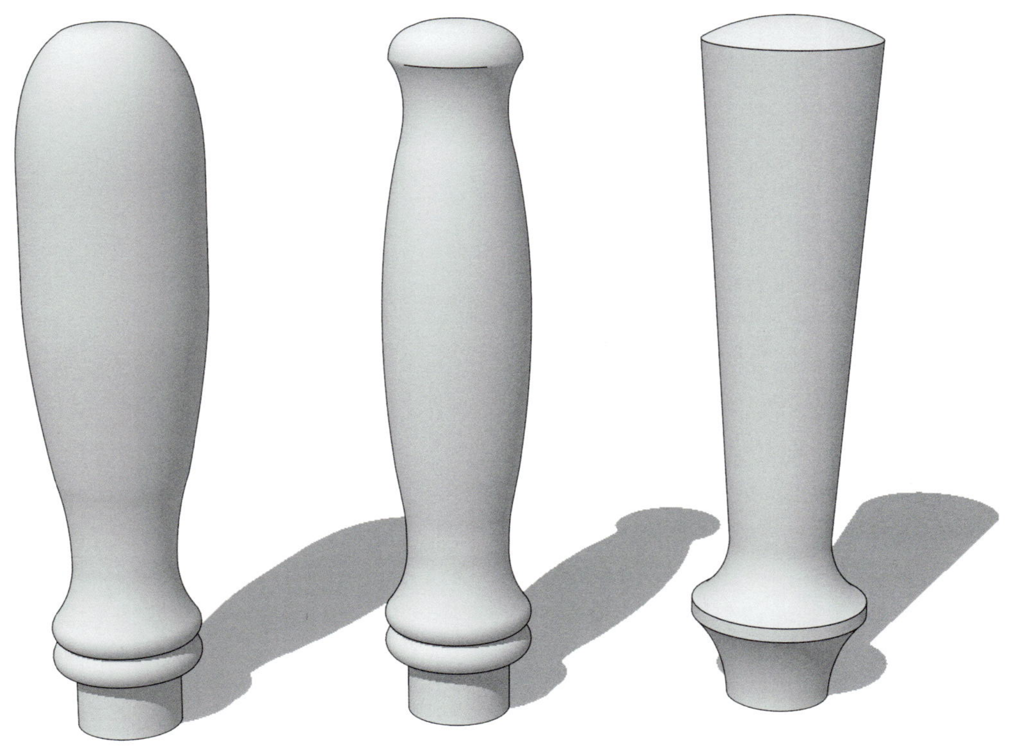

Griffe für Küchenhelfer, Teil Zwei

Mustervorlage mit 100% kopieren.

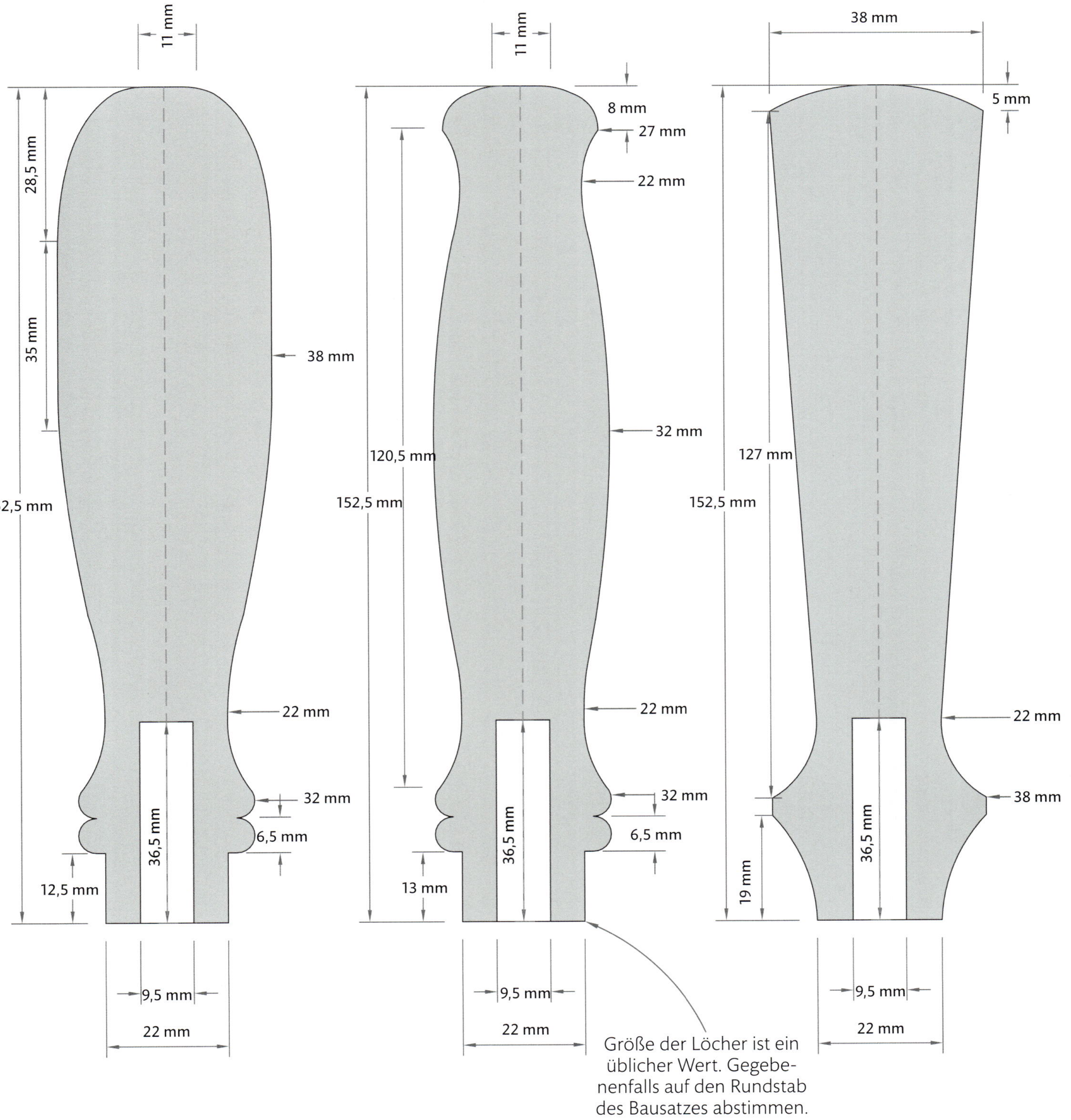

Griffe für Küchen-helfer, Teil Drei

Drei weitere Duftformen, von glatt und leicht geschwungen bis hin zu stärker verzierten mit kräftigen Rundstäben. Beim Drehen dieser Griffe sollte man, wie bei allen Griffen, die Drehbank regelmäßig ausschalten und das entstehende Werkstück in die Hand nehmen, um zu prüfen, ob es sich bequem anfühlt. Vergessen Sie nicht, dass es Ihre eigene Arbeit ist, scheuen Sie also nicht davor zurück, die Form nach Ihren Bedürfnissen abzuändern.

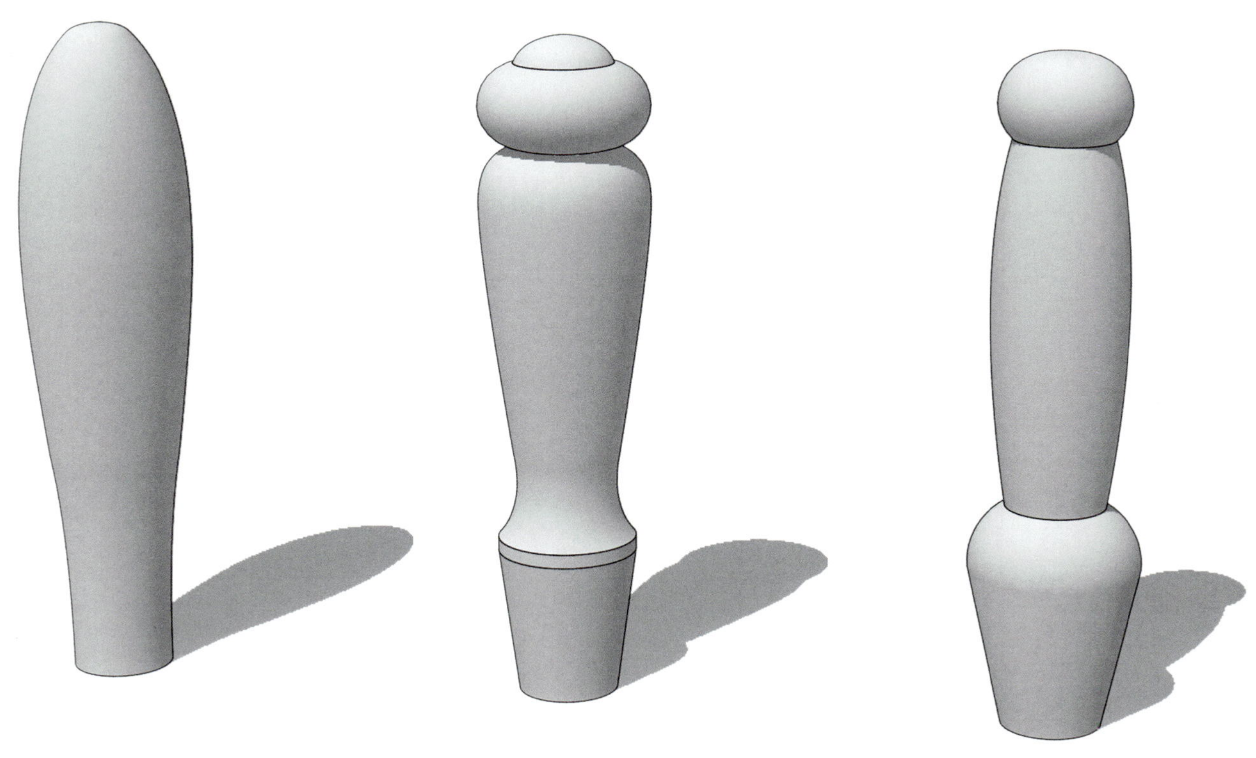

Griffe für Küchenhelfer, Teil Drei

Mustervorlage mit 100% kopieren.

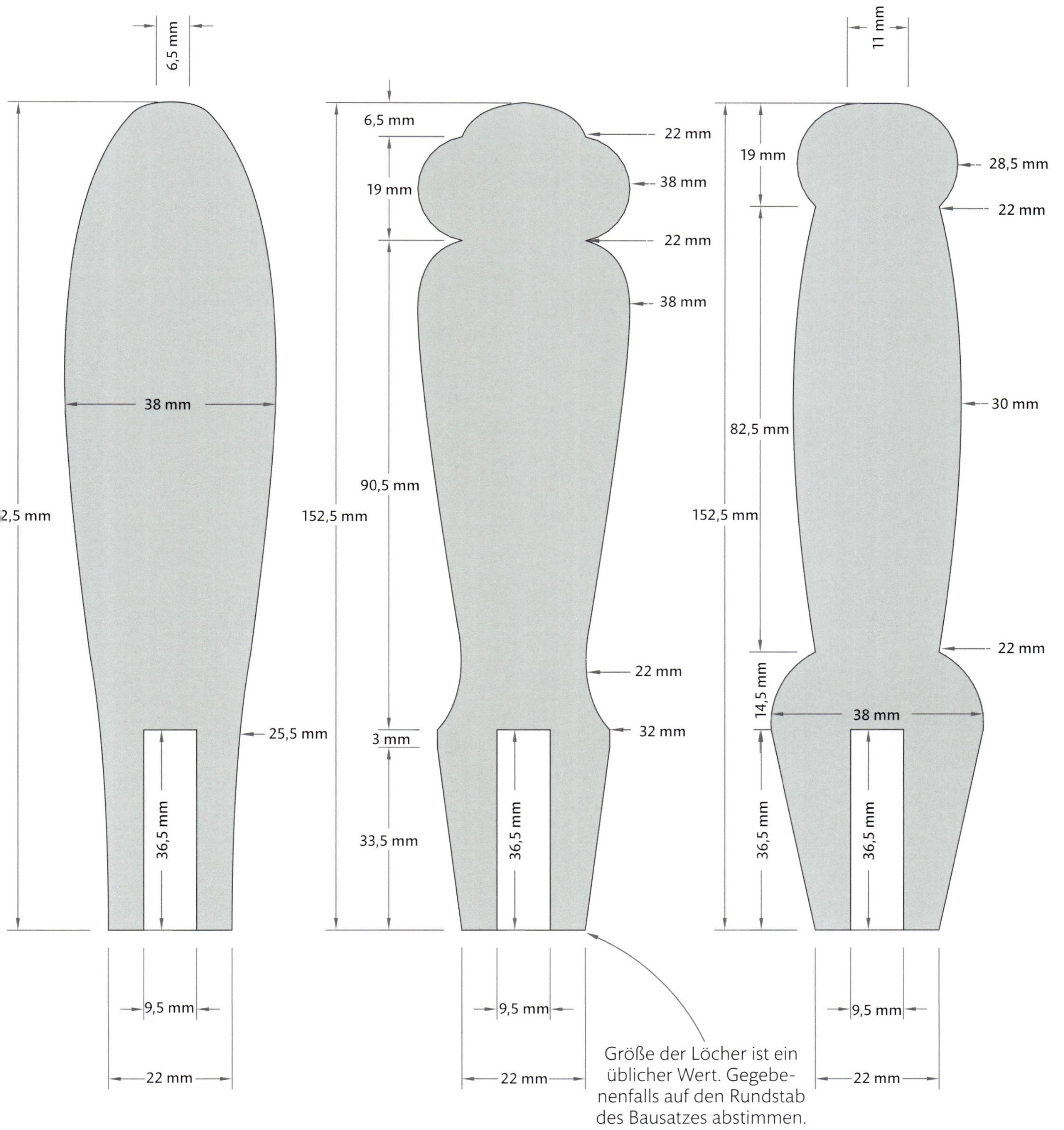

Französische Teigrolle

Nudelhölzer oder Teigrollen aus eigener Fertigung stoßen bei jedem, der sich für das Backen begeistert, auf Liebe. Das klassische Küchenutensil ist zudem leicht und schnell zu drechseln. Es ist nicht mehr als ein langer Zylinder mit sich verjüngenden leicht Enden. Die hier vorgestellte Version ist 500 mm lang, man kann die Länge der Teigrolle aber von 460 mm bis 560 variieren. Bei der Holzauswahl sollte man zu einem haltbaren, feinporigen Material wie Ahorn oder Nussbaum greifen.

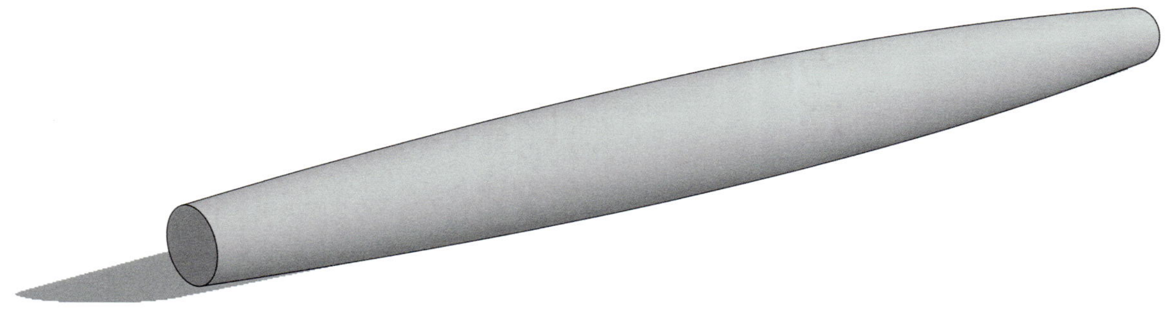

Französische Nudelrolle

Mustervorlage auf 200% vergrößern.

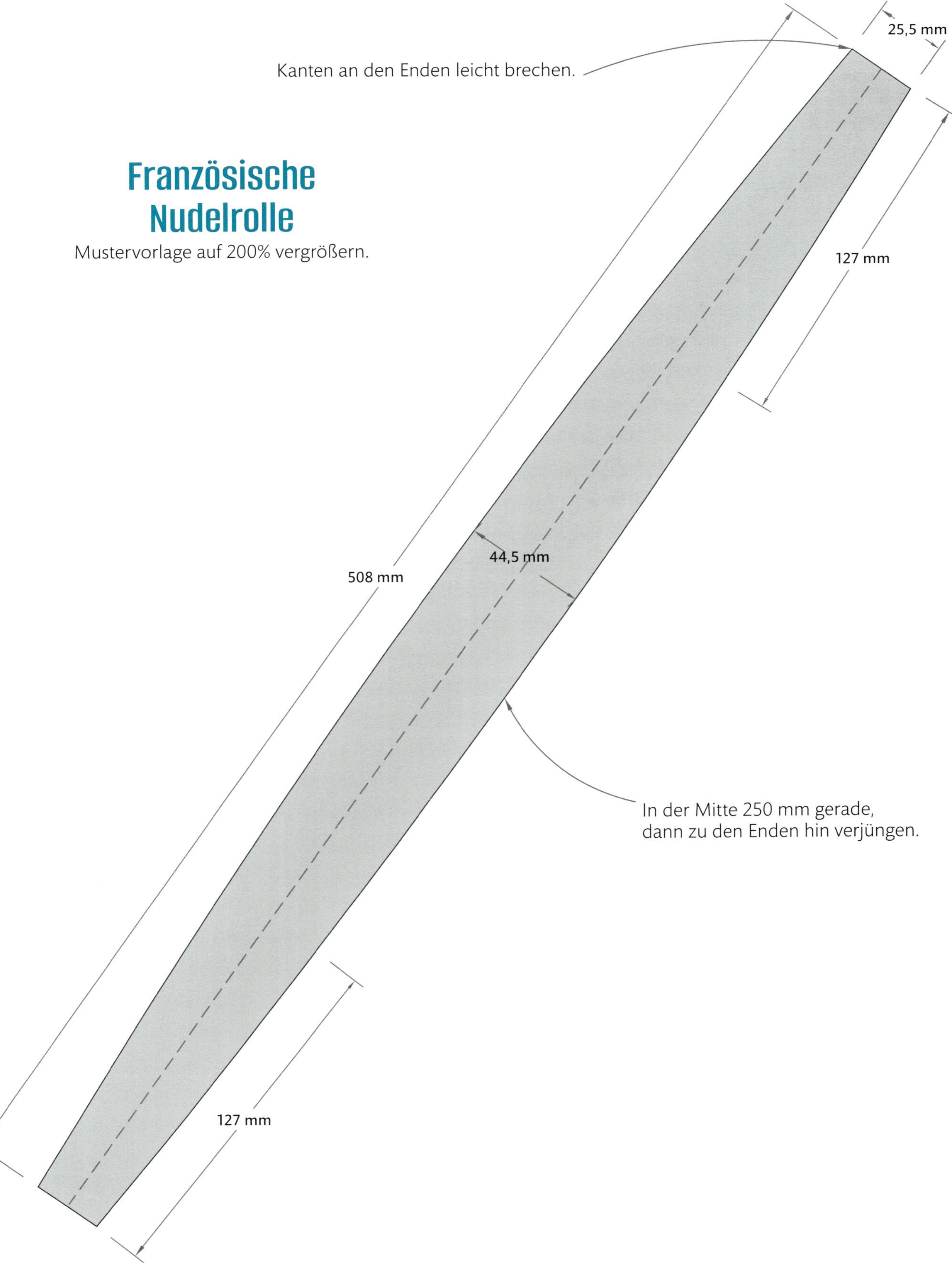

Großer Küchenpinsel

Die Borsteneinsätze für Küchenpinsel kann man fertig kaufen. Sie werden in eine Vertiefung eingeklebt, die man in das untere Ende des Griffs einschneidet. Die hier vorgestellte Mustervorlage ist für einen Borsteneinsatz mit 20 mm Durchmesser gedacht, eine nützliche Allzweckgröße. Für bestimmte Zwecke gibt es auch kleinere Bürsteneinsätze.

Da Küchenpinsel mit verschiedenen Flüssigkeiten verwendet werden, sollte man den Bürsteneinsatz mit einem wasserfesten Klebstoff befestigen.

Großer Küchenpinsel

Mustervorlage mit 100% kopieren.

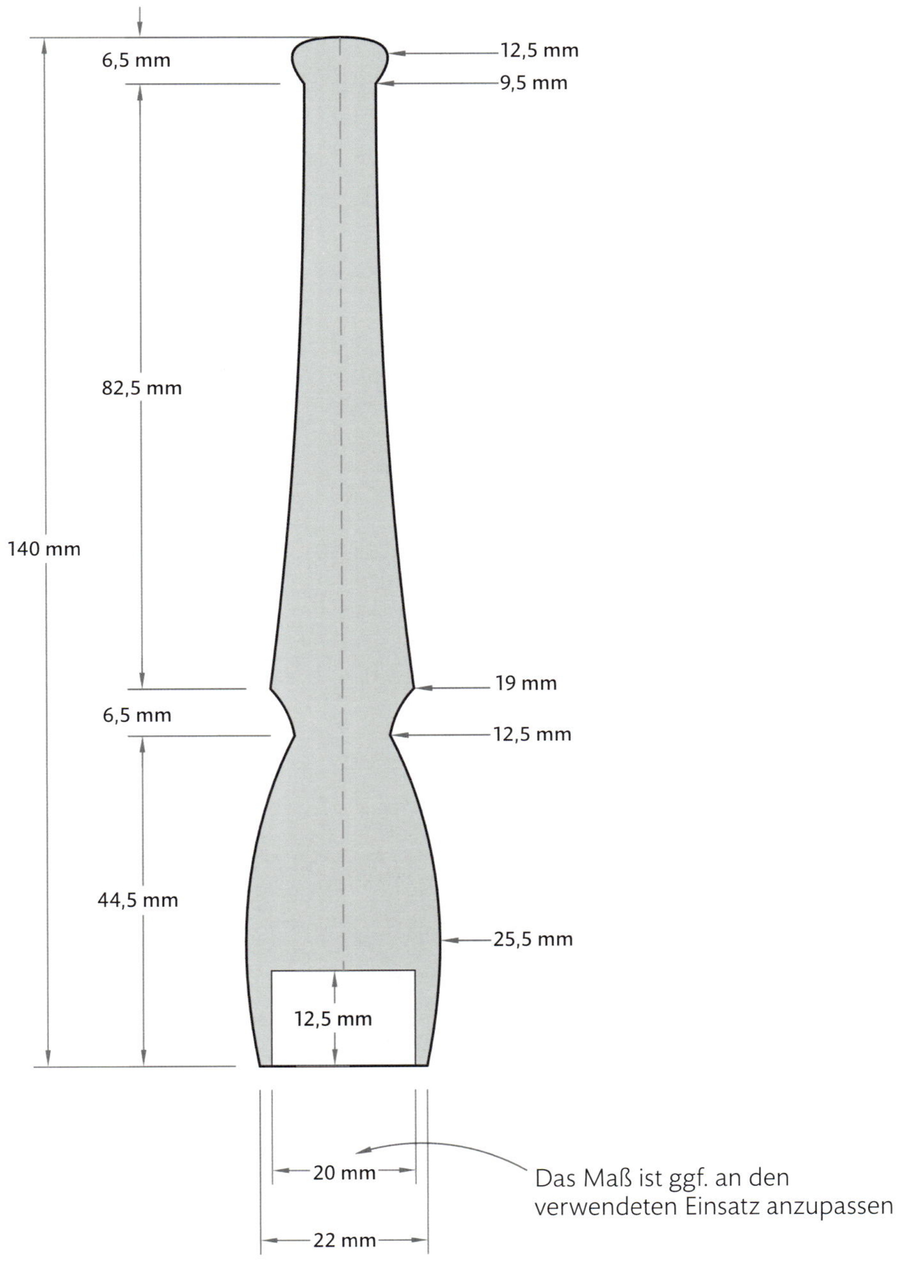

Zwei Zapfhahngriffe

Die Herstellung von Zapfhahngriffen ähnelt dem Drechseln von Griffen für Küchenhelfern wie sie auf den Seiten 40 – 45 vorgestellt wurden. Modifizieren Sie die Mustervorlage so, dass das Loch und die Unterseite des Griffs zu Ihrem Zapfhahn passen.

Viele Lieferanten von Zapfhähnen bieten verschiedene Zierspitzen für die Griffe an. Die Mustervorlagen sehen am oberen Ende reichlich Platz vor, um eine solche Zierspitze anzubringen, falls Sie das möchten.

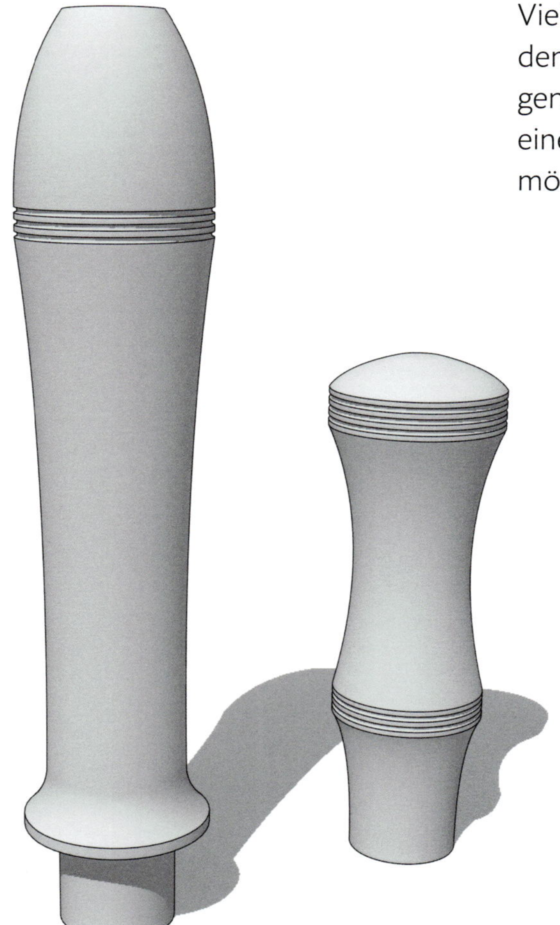

Zwei Zapfhahngriffe

Mustervorlage mit 100% kopieren.

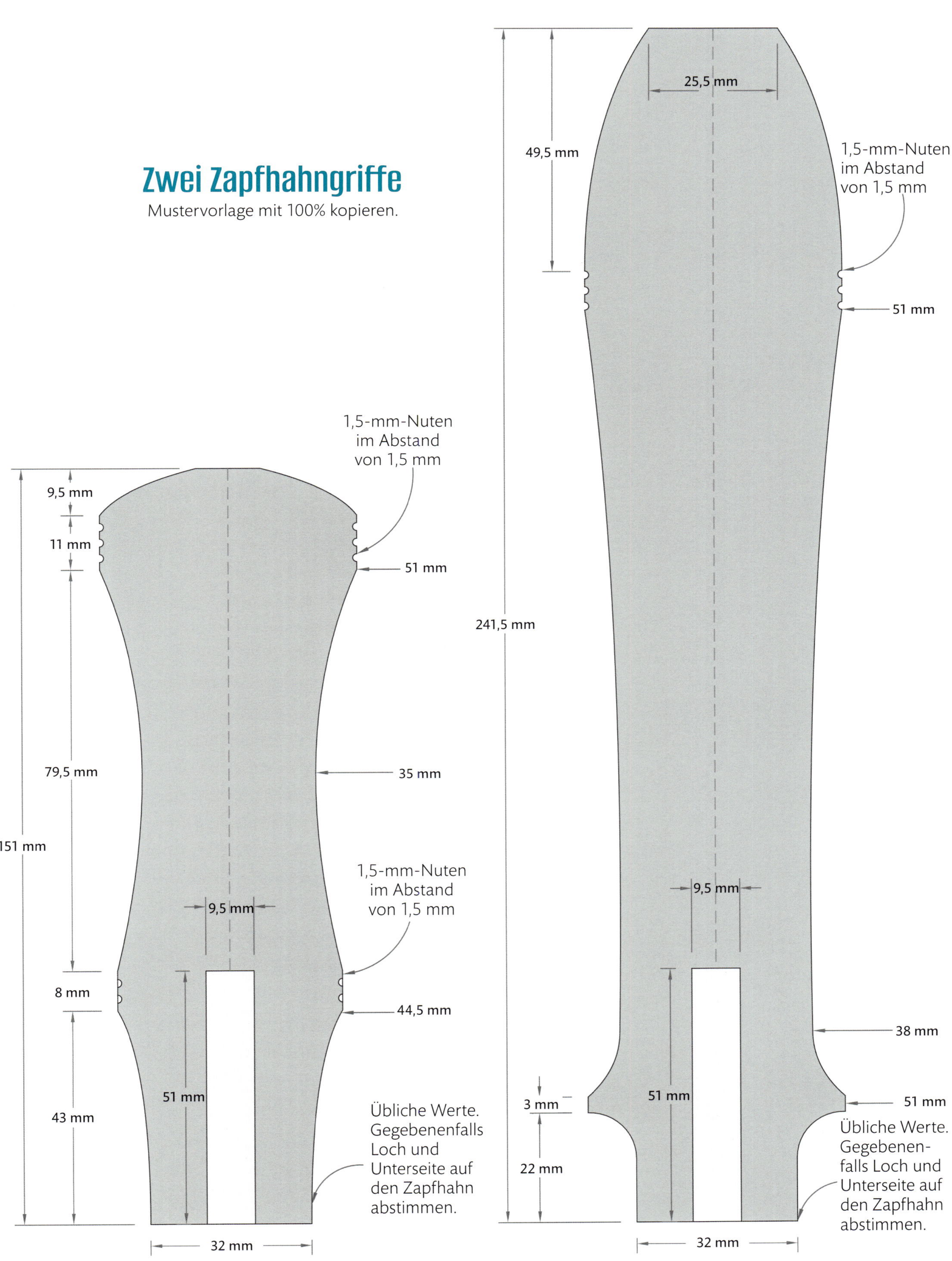

Kapitel zwei

Spielzeug und Baumschmuck

Drechselarbeiten müssen nicht immer zeitaufwendig oder nützlich sein. Einen kleinen Kreisel zu drechseln nimmt nur wenige Minuten in Anspruch, aber danach kann man zusehen, wie ein Kind stundenlang begeistert damit spielt.

Ein Croquetschläger kann ein schnell hergestelltes Stück sein, man kann es aber auch zum Ausgangspunkt eines ganzen Croquetspielsatzes machen. Man kann sogar die Spielkugeln drechseln, entweder freihändig oder mit einer Kugeldrehvorrichtung.

In der Weihnachtszeit gibt es keine bessere Methode, seine Drechselarbeiten ins Rampenlicht zu rücken, als mit einzigartigen Schmuckstücken für den eigenen Baum oder zum Verschenken an andere.

Vier Kreisel

Kreisel zu drechseln ist eine gute Methode, kleine Restholzstück zu verwerten und zugleich Kindern eine Freude zu machen. Außerdem bieten sie Gelegenheiten, seine Fähigkeiten im Langholzdrechseln zu verfeinern. Viele Drechslervereine stellen bei Vorführungen auf Kunsthandwerksmärkten Dutzende – manchmal Hunderte – von Kreiseln her oder drehen sie als Spenden für Kinderkrankenhäuser und Wohltätigkeitsorganisationen.

Die hier vorgestellten vier Exemplare sollten ausreichen, um Ihnen Appetit zu machen. So kann man Kreisel mit einer unendlichen Auswahl an Rundstäben, Kehlen und anderen Schmuckelementen drechseln, und sie mit Tinte, Farbe oder Permanentmarkern farbig gestalten.

Ein guter Kreisel sollte sich etwa eine Minute drehen und zwar so gleichmäßig, dass man die Bewegung kaum wahrnehmen kann. (Im Englischen sagt man dann, der Kreisel ‚schläft'.) Das Geheimnis besteht darin, den Schwerpunkt möglichst weit nach unten zu legen und den Stiel möglichst dünne zu gestalten.

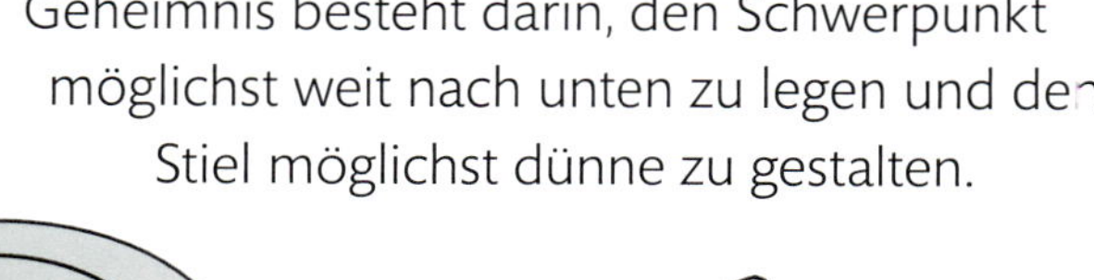

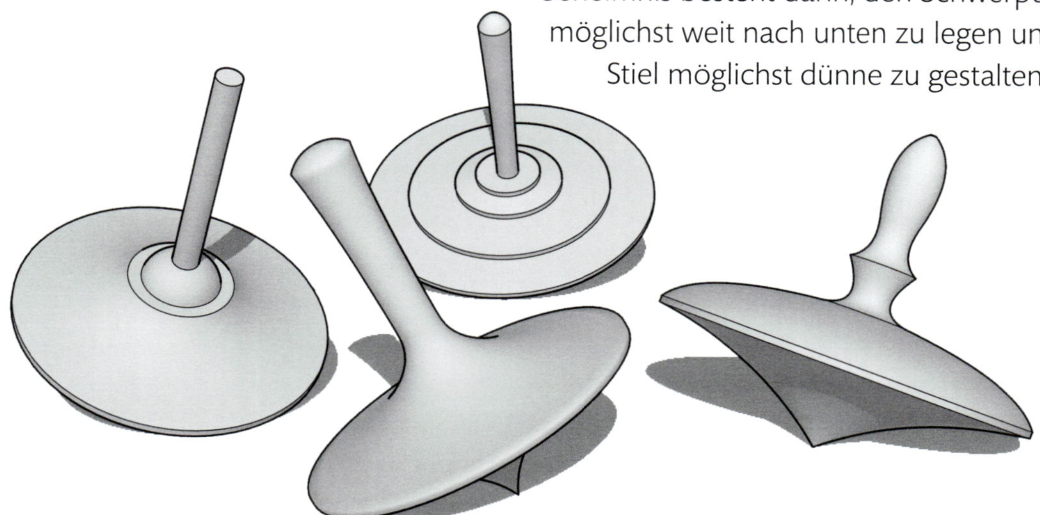

Vier Kreisel

Mustervorlage mit 100% kopieren.

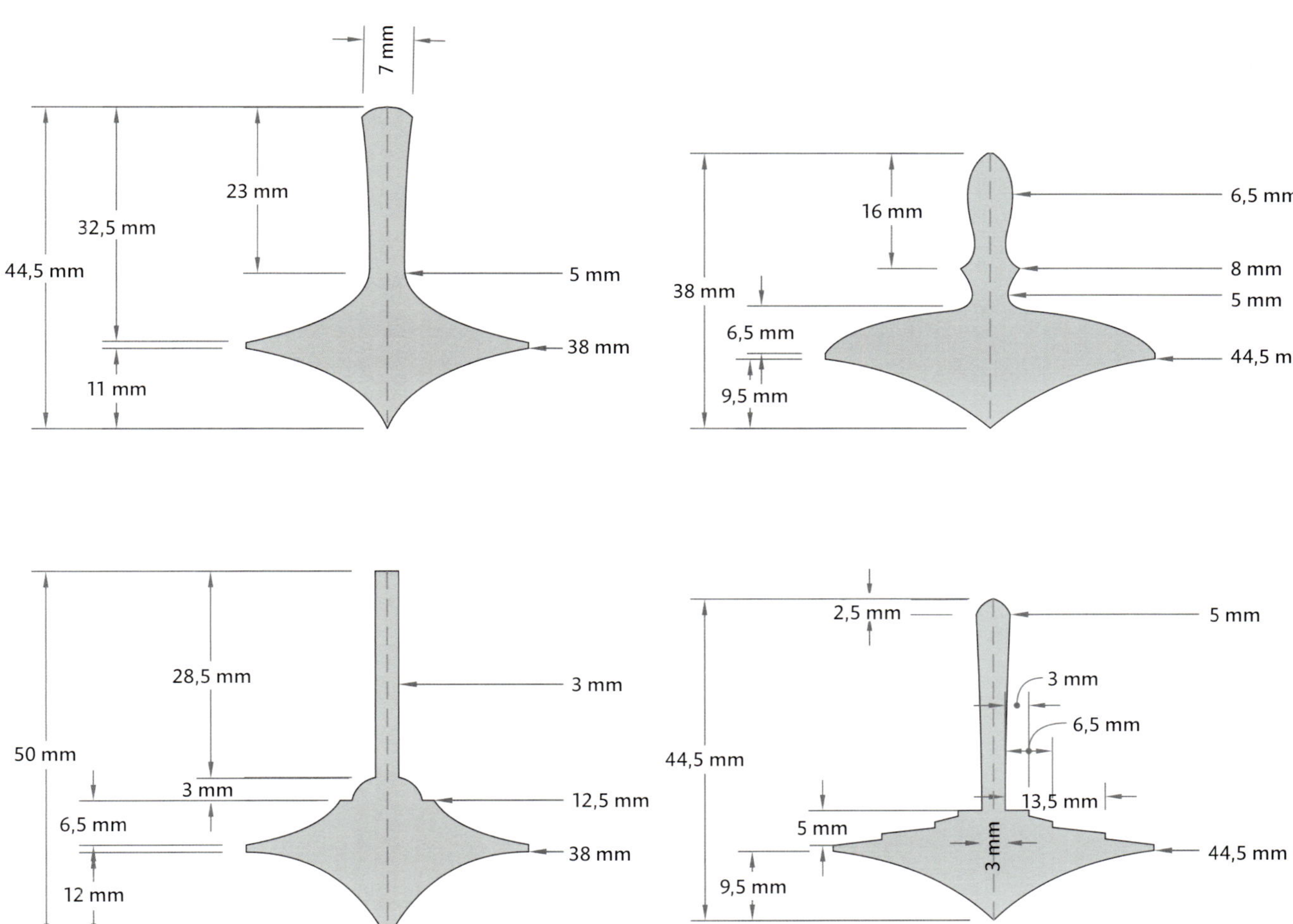

Baseballschläger

Die besten Holzarten für Baseballschläger sind Esche, Ahorn und Hickory. Verwenden Sie als Rohling ein möglichst fehlerfreies Stück mit geradem Faserverlauf. Bei einem amerikanischen Baseballprofi mag ein außerordentlich guter Schlag schon einmal dazu führen, dass der Schläger zerbricht, aber Sie wollen wirklich nicht, dass Ihnen selbst das passiert.

Die Vorschriften der amerikanischen Major League Baseball schreiben vor, dass der Schläger am Schaft 66,29 mm stark sein muss und nicht länger als 1066,8 mm lang sein darf. Die meisten Schläger sind zwischen 790 mm und 865 mm lang. Die passende Länge für sich selbst ermittelt man, indem man einen Arm waagerecht zur Seite ausstreckt und die Entfernung von der Spitze des Zeigefingers bis zur Mitte der Brust misst.

Für kleinere Spieler und Kinder kann man auch den Durchmesser verringern, da man ja nicht in der amerikanischen Liga spielt.

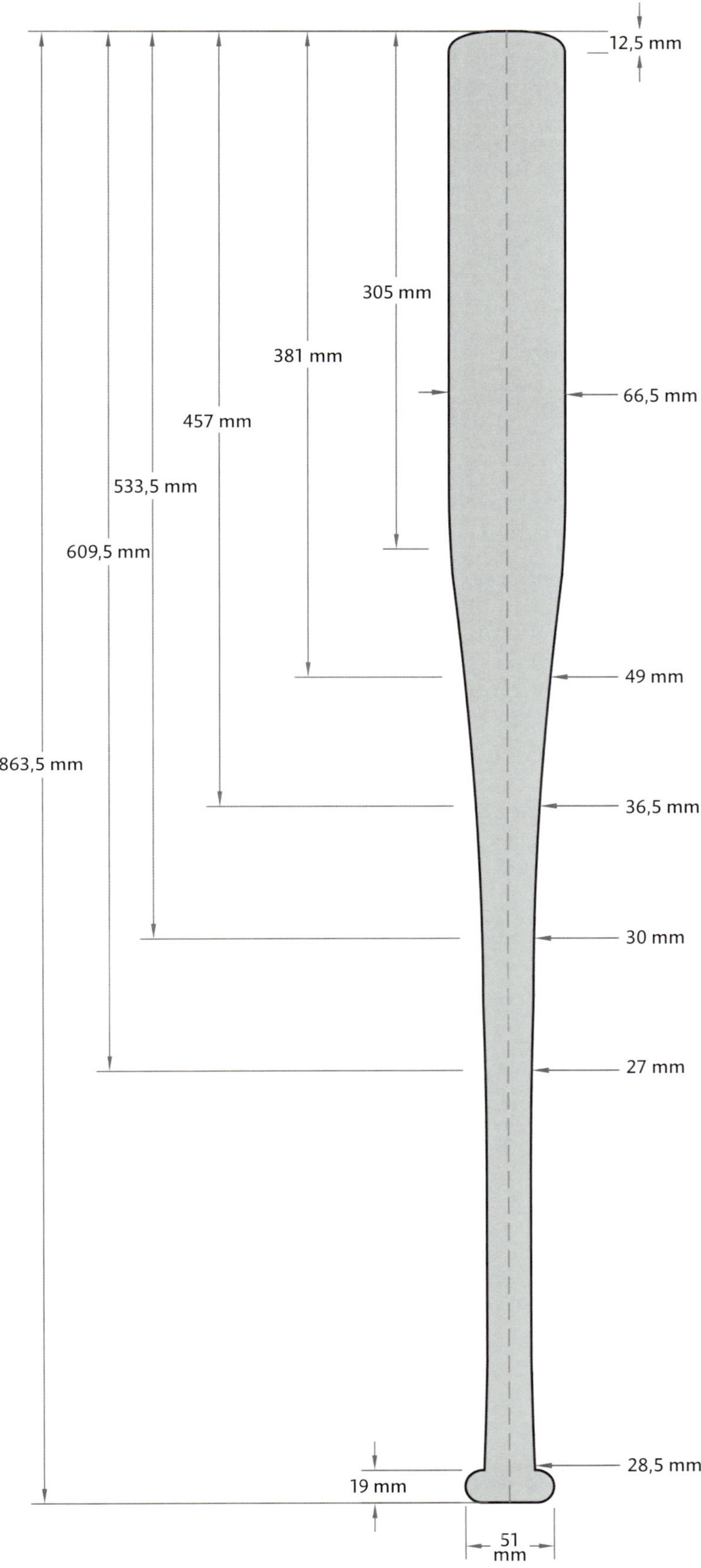

Baseballschläger

Mustervorlage auf 400% vergrößern.

Croquetschläger

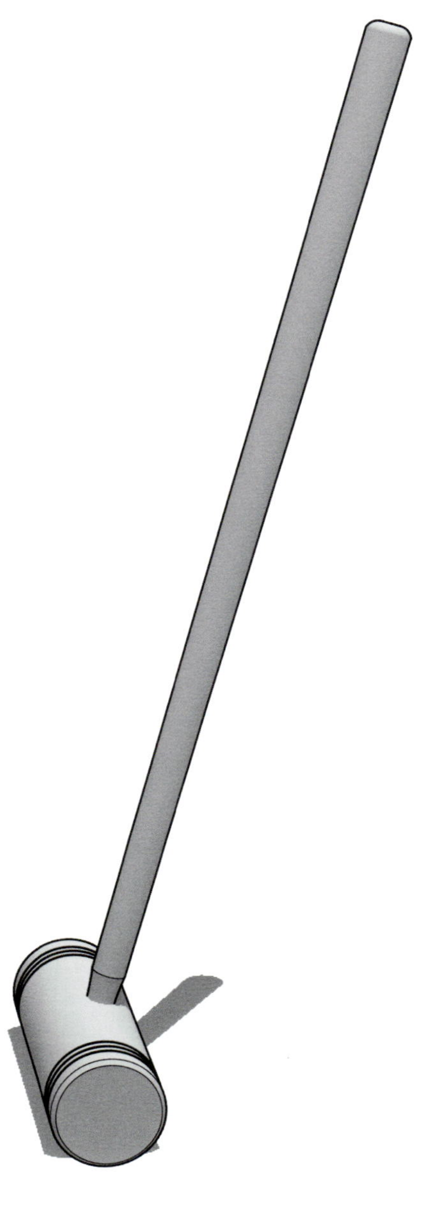

Laut britischer Croquet Association gibt es kaum Regeln für die Größe eines Croquetschlägers. Es gibt jedoch einige Faustregeln: Ein typischer Schlägerkopf ist 230-240 mm lang. Profis greifen allerdings zu Schlägern, deren Köpfe bis zu 300 mm lang sind. Die Länge des Stiels ermittelt man, indem man den Arm am Körper herabhängen lässt, die Entfernung vom Handgelenk zum Boden misst, und zu diesem Maß 25 mm hinzuzählt.

Hochwertige Croquetschläger haben an den Enden des Kopfes Metallzwingen, die das Holz daran hindern, sich pilzförmig zu verformen. Bei der Mustervorlage dienen die Fasen an den Enden dem gleichen Zweck.

Croquetschläger

Mustervorlage für Stiel auf 400% vergrößern.
Mustervorlage für Kopf auf 200% vergrößern.

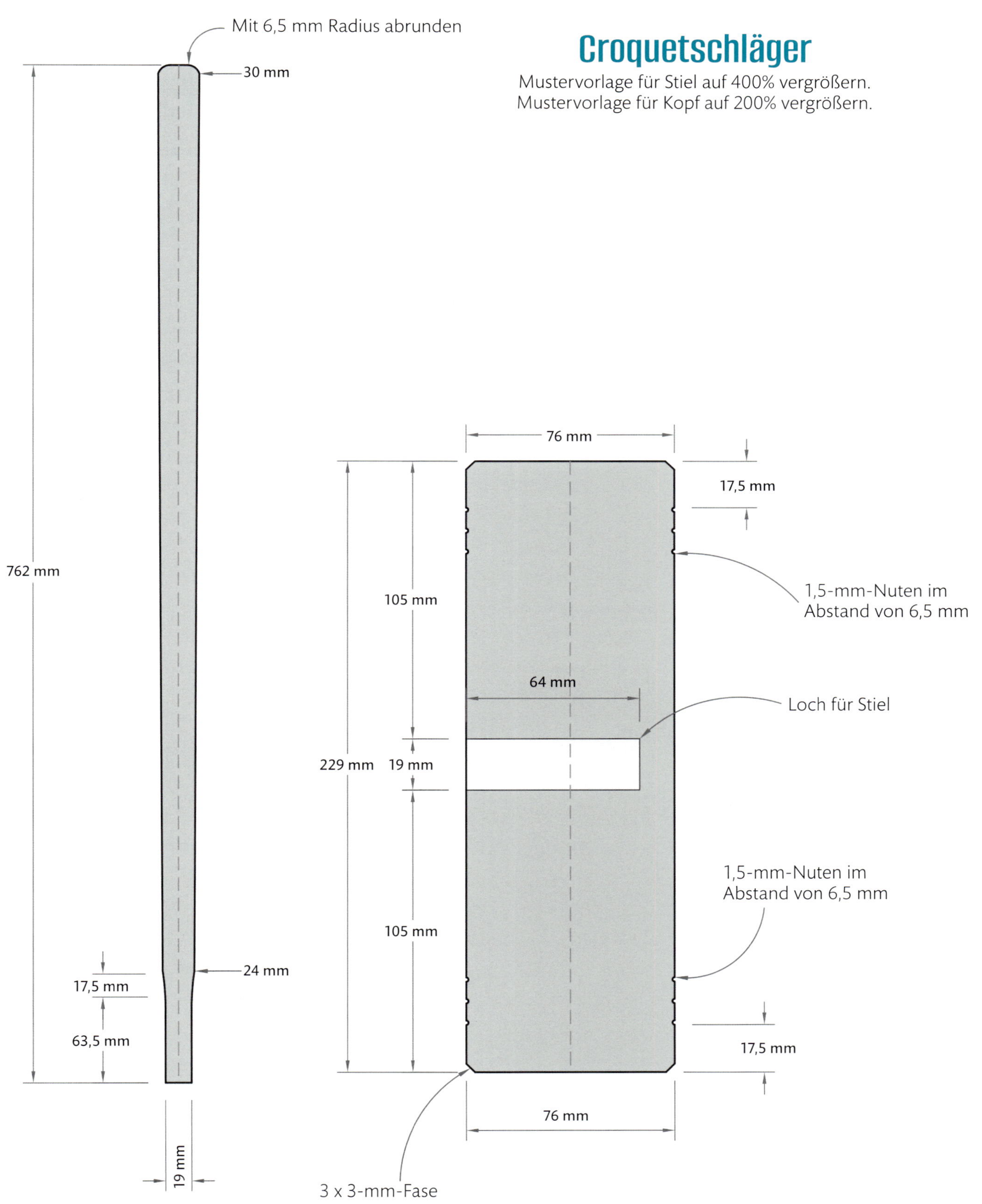

Spielzeug
und Baumschmuck

Babyrassel

Babyrasseln gehören zu den Drechselarbeiten, bei den sich die Leute am Kopf kratzen und fragen: „Wie hast Du das gemacht?" Wenn man es richtig macht, ist nicht zu erkennen, wie die Rasselkörper in das Innere eines scheinbar massiven Holzstücks gelangt sind. Aber neben anderen hat auch der bekannte Drechsler Richard Raffan das Geheimnis offenbart.

Zuerst wird der Rohling in zwei Teile gespalten, dann höhlt man einen Teil jeder Hälfte aus, um das Innere des Rasselkopfes zu schaffen. Man legt Rasselkörper hinein – eine Mutter oder ein paar Unterlegscheiben – und leimt die Hälften wieder zusammen. Wenn der Leim trocken ist, spannt man das Stück wieder ein und dreht die Außenseite der Rassel.

Man kann die Oberfläche unbehandelt lassen. Wenn Sie aber ein Oberflächenmittel auftragen wollen, sollten Sie ein lebensmittelechtes verwenden, etwa Nussöle oder reines Lein- oder Distelöl.

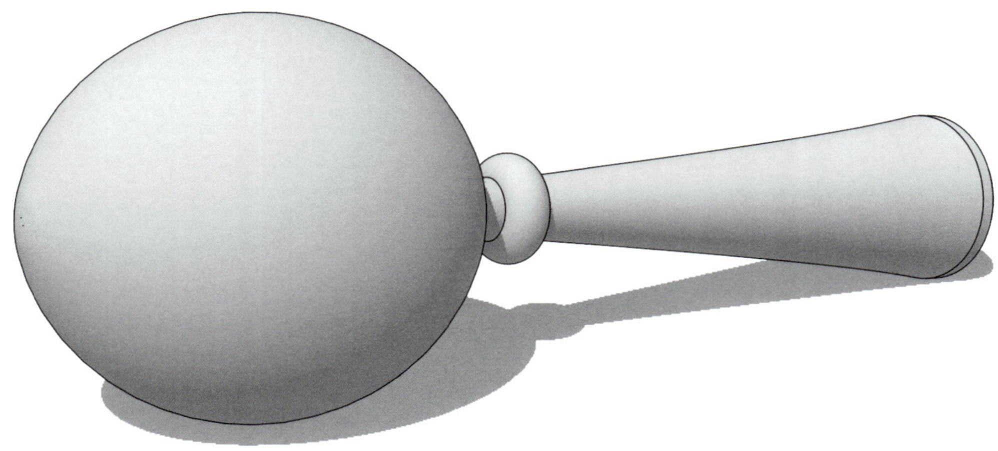

Babyrassel

Mustervorlage mit 100% kopieren.

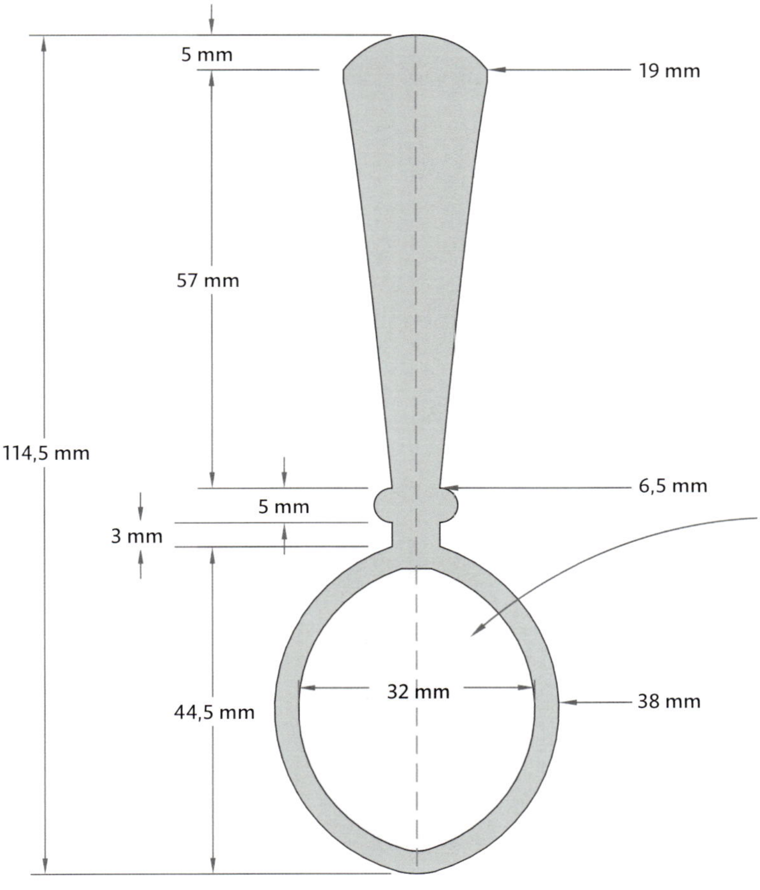

Rohling in zwei Hälften spalten. Kopf an jeder Hälfte aushöhlen. Rasselkörper einlegen und die beiden Hälften wieder zusammenleimen. Griff und Kopf von außen drehen.

Baumschmuck aus einem Seeigel

Die körnige, knubbelige Oberfläche eines Seeigels ist als Schmuck für einen Weihnachtsbaum ein echter Augenfänger. Das Stück wird durch gedrechselte Zierspitzen vervollständigt, die oben und unten in den Seeigel eingesetzt werden.

Richten Sie zuerst die obere und untere Öffnung im Seeigel so kreisrund wie möglich zu, damit die Zierspitzen gut passen. Drehen Sie die Zierspitzen passend zu. Die meisten Maßangaben in der Mustervorlage sind deshalb nur als Orientierung zu verstehen. Sie müssen sich auch nicht an die vorgeschlagenen Formen für die Zierspitzen halten. Drechseln Sie sie so filigran wie sie möchten. Achten Sie nur darauf, vom Reitstock zum Spindelstock hin zu arbeiten, damit das Werkstück beim Drechseln nicht zerbricht oder sich durchbiegt.

Manche Drechsler belassen die natürliche Farbe des Seeigels. Man kann ihn aber auch bemalen oder mit goldenem Glimmerpulver überziehen, das im Versandhandel zu beziehen ist.

Baumschmuck aus einem Seeigel

Mustervorlage mit 100% kopieren.

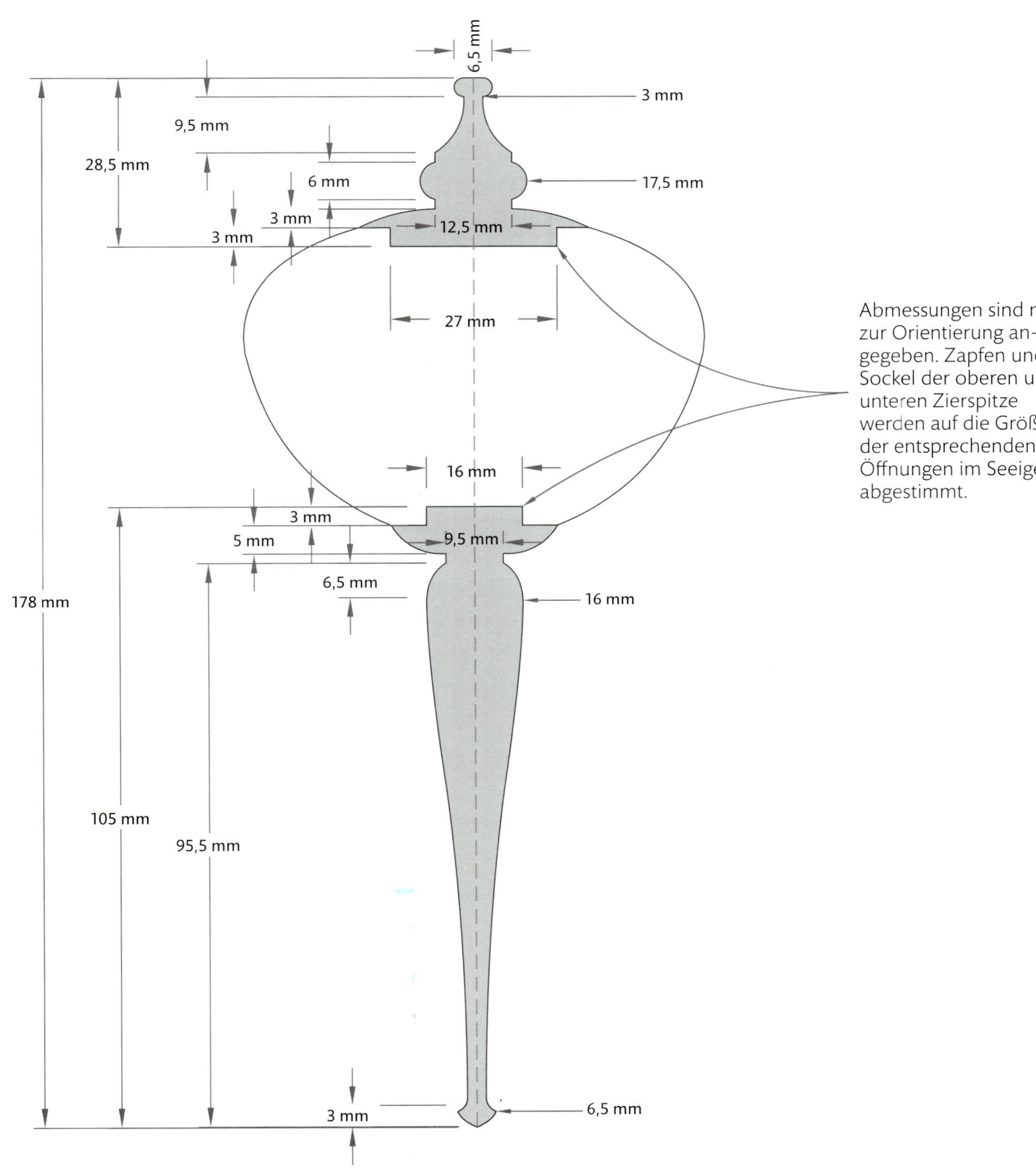

Abmessungen sind nur zur Orientierung angegeben. Zapfen und Sockel der oberen und unteren Zierspitze werden auf die Größe der entsprechenden Öffnungen im Seeigel abgestimmt.

Mehrfarbiger Weihnachtsbaum-schmuck

Der einzige Unterschied zwischen einer mehrfarbigen und jeder anderen Drechselarbeit liegt im Rohling, den man dazu verwendet. Für ein mehrfarbiges Schmuckstückt verleimt man einen Rohling aus verschiedenen Holzarten in Stärken von 6–12 mm. Man kann Streifen gleicher Stärke verwenden oder die Stärke variieren, um in senkrechter oder waagerechter Anordnung ein ansprechendes Muster zu erzeugen. Oder man bezieht aus dem Internet Rohlinge aus Spectraply, einem Sperrholz, das es in vielen verschiedenen Farbkombinationen gibt.

Geben Sie den Farben des Holzes Raum, sich zu entfalten, indem Sie die Form der Drechselei relativ schlicht halten. Nach der Arbeit an der Drehbank können Sie den Weihnachtsbaumschmuck mit hochglänzendem Klarlack überziehen.

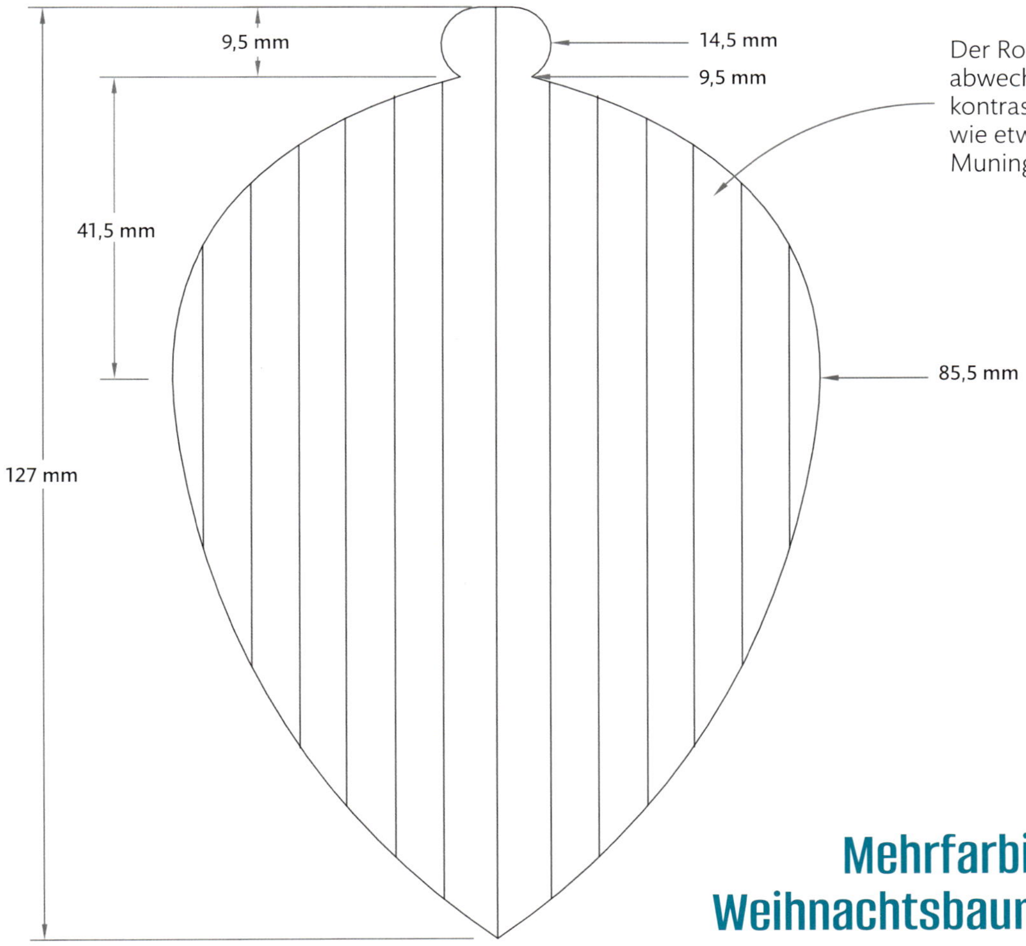

9,5 mm
14,5 mm
9,5 mm
41,5 mm
85,5 mm
127 mm

Der Rohling wird aus abwechselnden Streifen kontrastierenden Holzes wie etwa Guatambú und Muninga verleimt.

Mehrfarbiger Weihnachtsbaumschmuck

Mustervorlage mit 100% kopieren.

12,5 mm
17,5 mm
5 mm
35 mm
101,5 mm
76 mm

Der Rohling wird aus Schichten unterschiedlich gefärbter Holzarten wie etwa Mahagoni, Ahorn, Birke, Grenadill, Bubinga oder Amerikanischem Tulpenbaum verleimt.

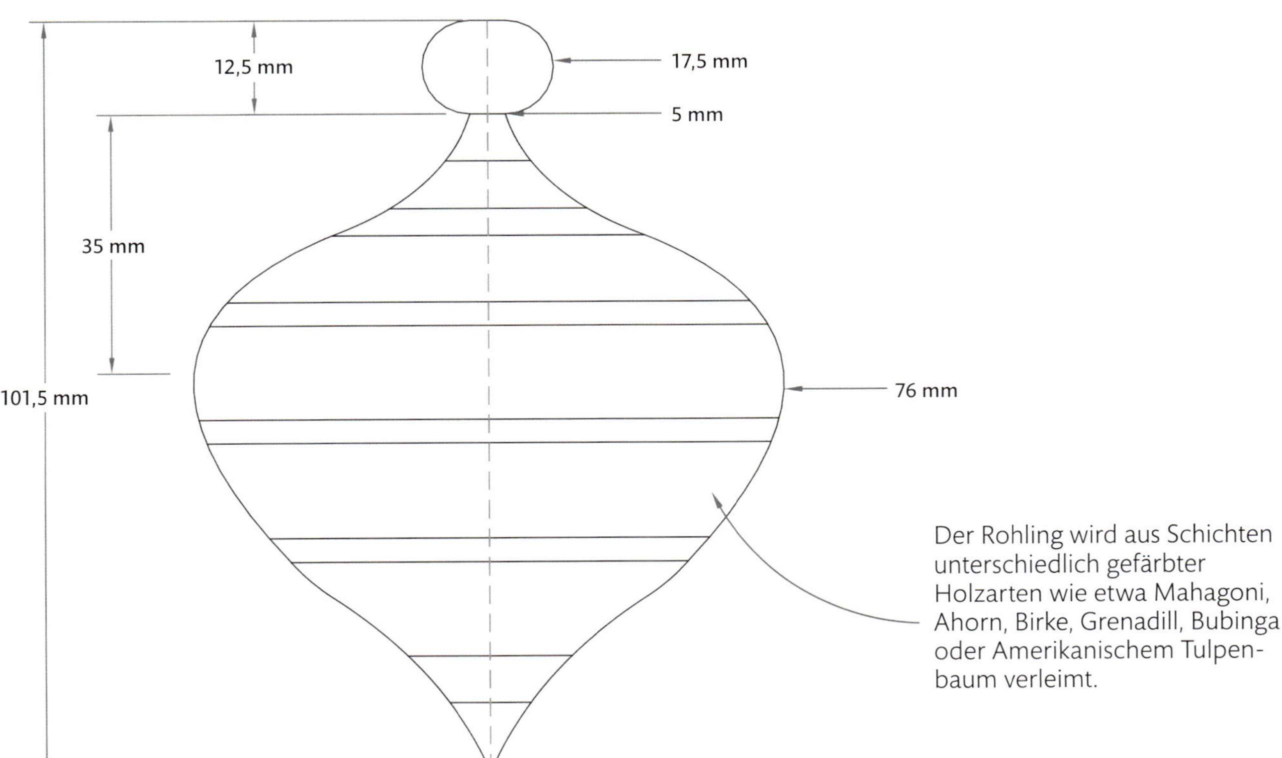

Kapitel drei

Möbelgriffe und Zierspitzen

Kleine Details können über den Erfolg oder Misserfolg eines Möbelstücks entscheiden. Ein gut ausgewählter Griff für eine Tür oder eine Schublade kann zum Beispiel aus einem ‚ganz netten' Stück ein überragendes machen.

In diesem Kapitel finden Sie Mustervorlagen für originalgetreue Shaker-Griffe und für verschiedene traditionelle Möbelgriffe. Ich habe auch Zierspitzen eingeschlossen, die bei kleinen gedrechselten Büchsen und Dosen oder historisierenden Möbelstücken verwendet werden können.

Shaker-Griffe und ein Shaker-Aufhänger

Jeder Drechsler sollte über einen Bestand an Griffmustern verfügen, die er beliebig einsetzen kann. Diese drei klassischen Entwürfe der Shaker sind kaum zu verbessern. Sowohl die Griffe als auch der Aufhänger lassen sich leicht vergrößern, falls man größere Exemplare benötigt. Die authentischen Shaker-Aufhänger gibt es in verschiedenen Längen.

Um diese Stück zu drechseln, wird das Holz zuerst zwischen Spitzen eingespannt. Drehen Sie es rund, und schneiden Sie den Zapfen an. Spannen Sie das Stück dann neu in einem Bohrfutter, einem Spannzangenfutter oder Spannzapfenaufsätzen ein. Falls Sie mehrere gleiche Griffe oder Aufhänger benötigen, kleben Sie die Mustervorlage auf Karton oder 3-mm-Sperrholz auf und schneiden das Profil aus, um eine Schablone zu erhalten.

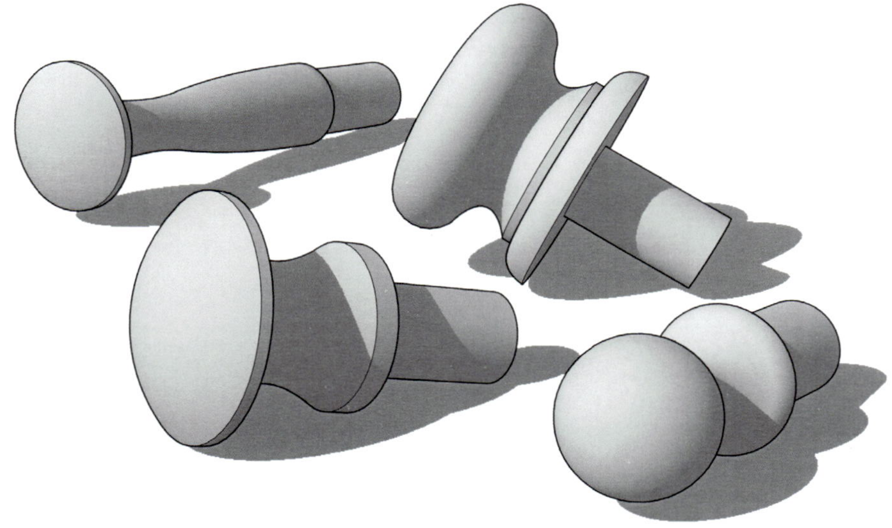

Shaker-Griffe und ein Shaker-Aufhänger

Mustervorlage mit 100% kopieren.

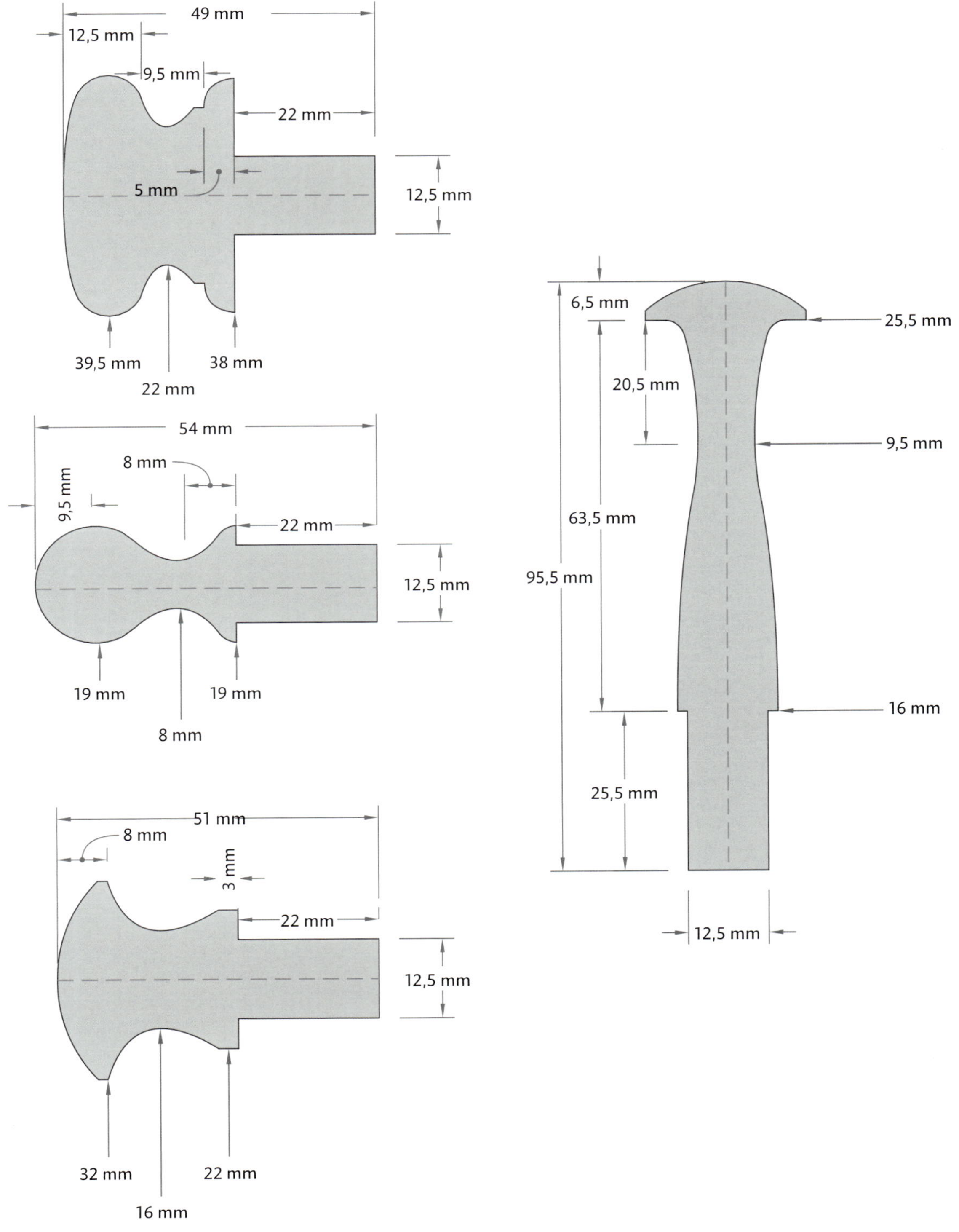

Halbkreis-Griff

Dieser Griff war ursprünglich für die Schubladen in einem kleinen, japanisch anmutenden Möbelstück gedacht. Der Entwurf lässt sich für größere Türen oder Schubladen vergrößern. Am besten sieht der Griff aus einem dunklen, stark gemasertem Holz wie Palisander oder Bubinga aus.

Es lassen sich leicht mehrere gleiche Exemplare des Griffs herstellen. Und zwar so: Schneiden Sie so viele Rohlinge zu, wie Sie Griffe benötigen. Der Querschnitt sollte etwas mehr als 50x50 mm im Quadrat betragen. Bohren Sie in die Mitte jedes Rohlings ein 25-mm-Loch. Drechseln Sie einen Spannzapfen – ein Zapfen mit 25 mm Durchmesser, an dem die Rohling in der Drehbank eingespannt werden. Lassen Sie am Spindelstockende des Spannzapfens eine Brüstung stehen, an welche die Rohlinge angelegt werden. Stecken Sie die Rohlinge auf den Spannzapfen, und sägen Sie ihn bündig zum letzten Rohling ab. Legen Sie ein Stück Restholz an den letzten Rohling, und schieben Sie den Reitstock gegen das Restholz. Drehen Sie alle Rohlinge auf Größe, und drechseln Sie dann 7-mm-Rundhölzer für die Pfosten. Sägen Sie jedes Holzrad in der Mitte durch, und bohren Sie in jedes Teilstück ein flaches Sackloch für den Pfosten. Schneiden Sie die Pfosten auf Länge, und leimen Sie sie in die Sacklöcher. Bohren Sie ein 6 mm tiefes Loch mit 7 mm Durchmesser in die Schublade oder Tür, um den Griff zu befestigen.

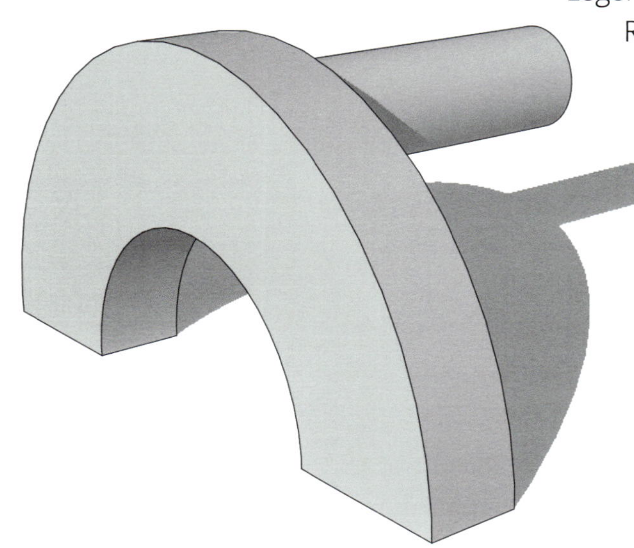

Halbkreis-Griff

Mustervorlage mit 100% kopieren.

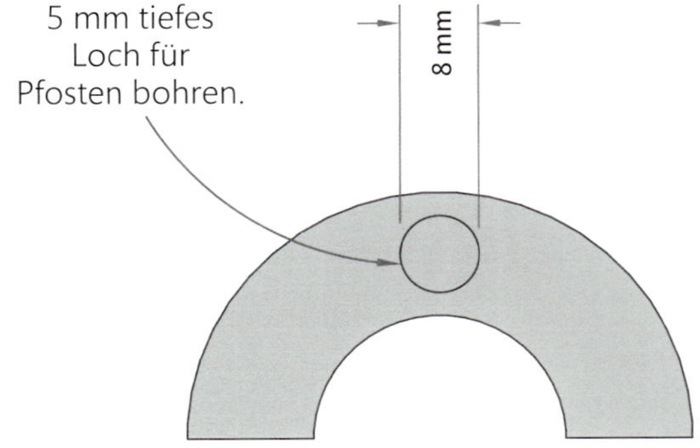

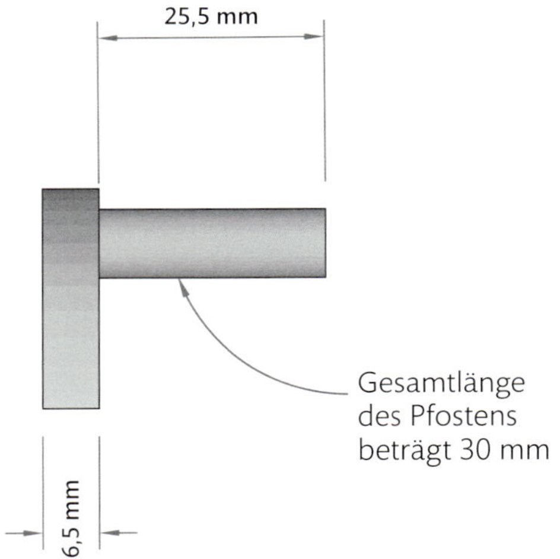

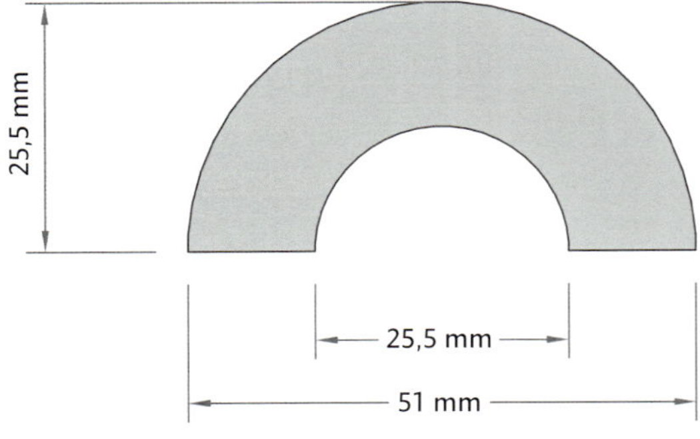

Möbelgriffe und Zierspitzen

Drei traditionelle Griffe

Diese drei Mustervorlagen basieren auf Vorbildern aus Messing und Zinn. Sie passen alle gut zu historischen oder historisierenden Möbelstücke. Der ‚Bienenkorb'-Griff – also jener mit den Nuten im Mittelteil – würde auch gut an Art-Déco-Möbeln aussehen. Wie die meisten Mustervorlagen für Griffe lassen sich auch diese leicht in größerem oder kleinerem Maßstab drechseln.

Fertigen Sie sich ein Schraubenfutter an, um diese Griffe zu drechseln. Drehen Sie einen Zapfen an einen Klotz Restholz, der in ein Backenfutter passt. Spannen Sie den Klotz ein, und bohren Sie ein Führungsloch für eine Schraube, die länger ist, als die Befestigungsschraube für den Griff. Bohren Sie dann ein Führungsloch in den Rohling, aus dem der Griff gedreht werden soll, und schrauben Sie den Rohling auf das selbst hergestellte Schraubenfutter. Drechseln Sie den Griff, schrauben Sie ihn vom Futter ab, und Sie sind fertig.

Drei traditionelle Griffe

Mustervorlage mit 100% kopieren.

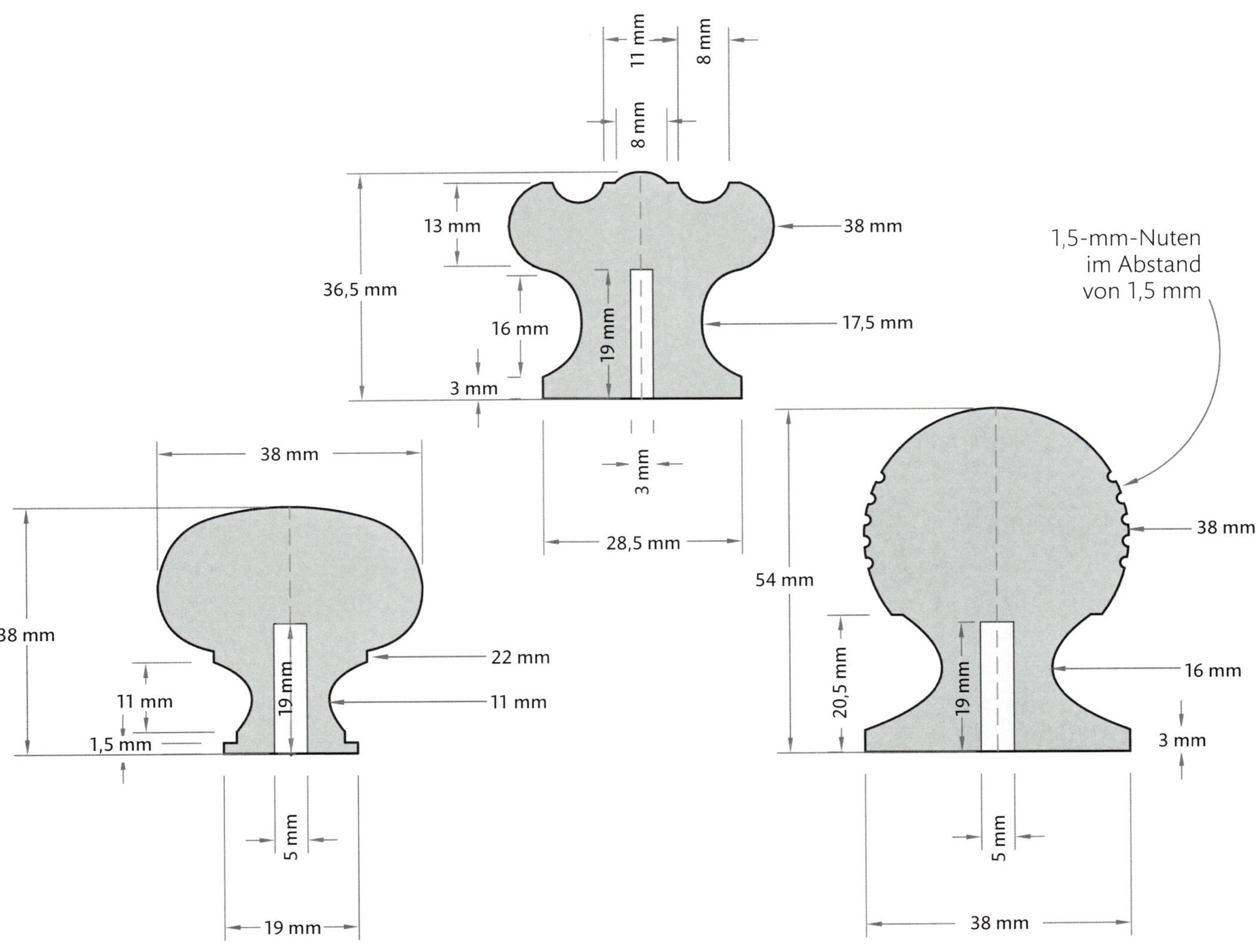

Zierspitze für gedrechselte Büchsen I

Diese leicht zu drechselnde Zierspitze steigert die Wirkung einer kleinen Büchse enorm. Am besten lässt sie sich aus einem Rohling mit den Maßen 75 x 40 x 40 mm drehen. Ein Ende wird im Backenfutter eingespannt, das andere vom herangefahrenen Reitstock gestützt. Das Ende am Reitstock wird dann zur oberen Spitze der Arbeit. Arbeiten Sie sich vom Reitstock zum Spindelstock, um das Stück zu formen, und stechen Sie es dann vorsichtig ab.

Zierspitze für gedrechselte Büchsen I

Mustervorlage auf 33,33% verkleinern.

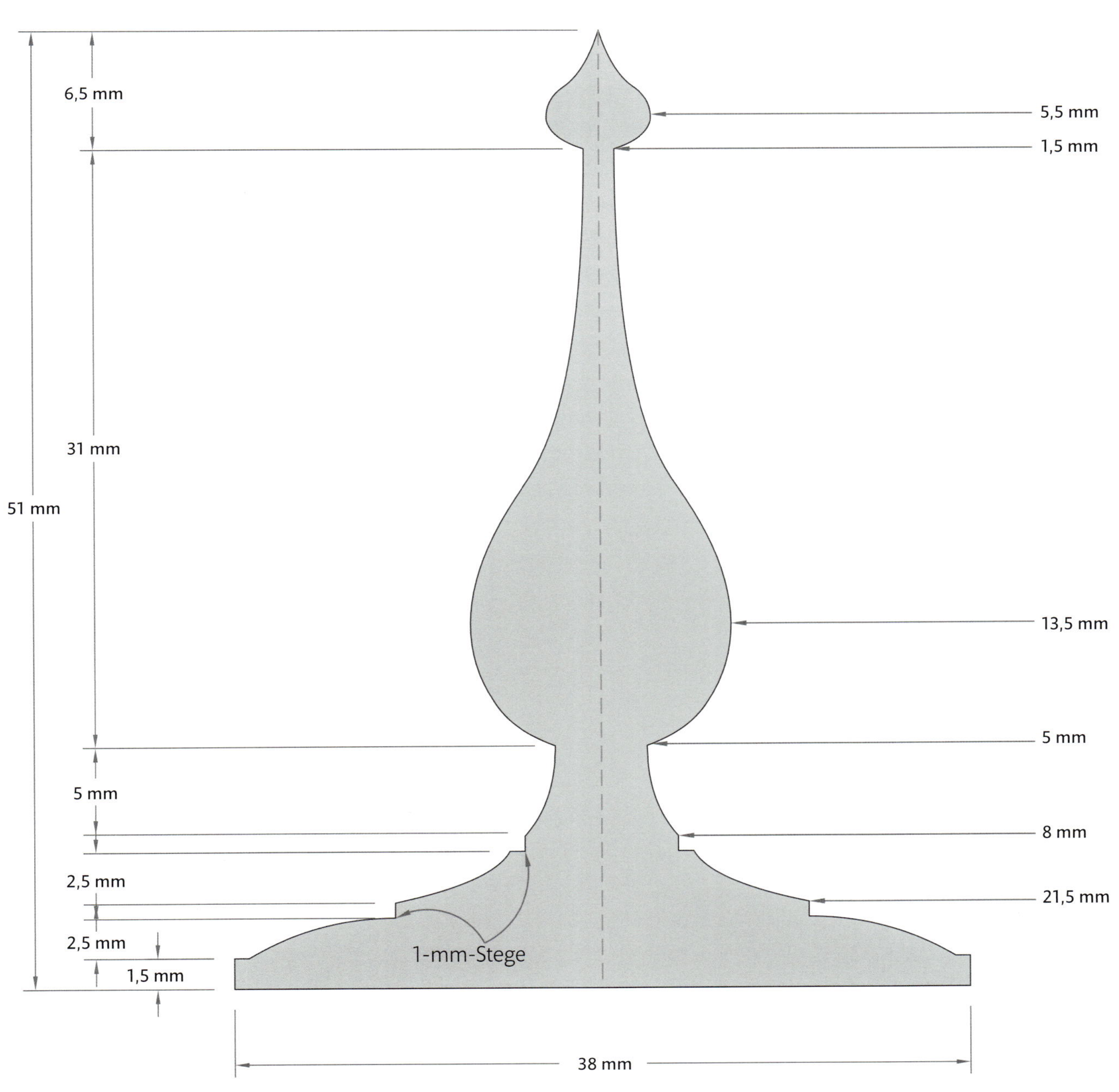

Zierspitze für gedrechselte Büchsen II

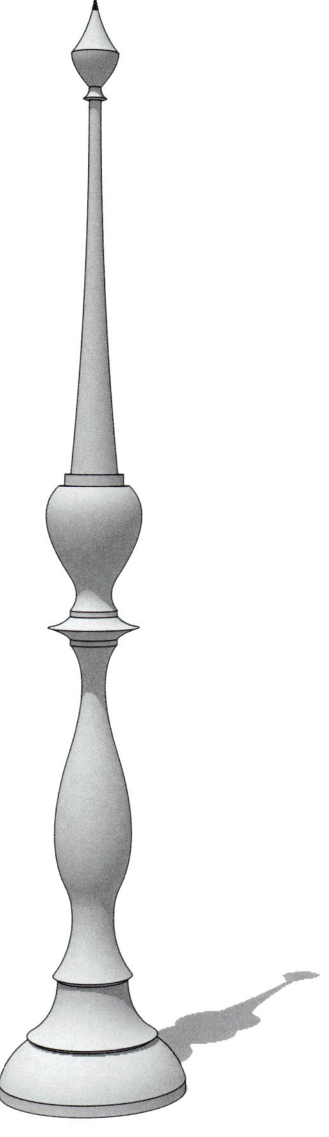

Die Kombination aus Länge und Schlankheit dieser Zierspitze machen sie zu einer Herausforderung für den Langholzdrechsler.

Man sollte ein feinmaseriges Holz wie Zuckerahorn oder Grenadill verwenden. Schneiden Sie den Rohling mit etwa 25 mm Übermaß in der Länge zu. Spannen Sie ihn in einem Backenfutter ein, und bringen Sie den Reitstock heran, um den Rohling zu stützen. Das Ende am Reitstock wird dann zur oberen Spitze des Stücks. Drechseln Sie vom Reitstock zum Spindelstock, und stützen Sie das Stück dabei mit Ihrer freien Hand.

Zierspitze für gedrechselte Büchsen II

Mustervorlage mit 100% kopieren.

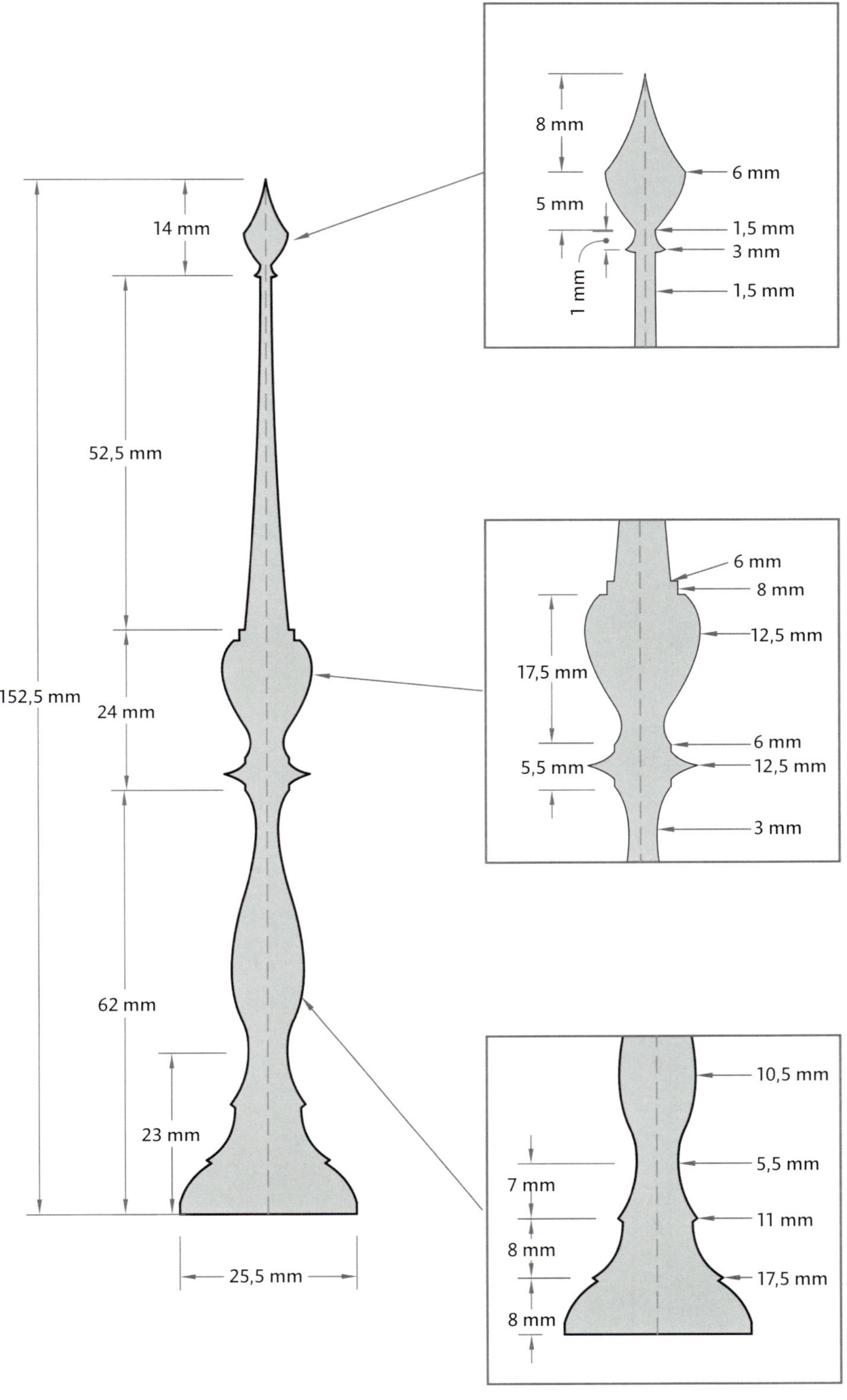

Zwei Zierspitzen für Möbelstücke

Die Maße für diese Zierspitzen wurden aus *Heirloom Furniture* übernommen, einem klassischen Buch mit Möbelbauplänen von Franklin H. Gottschall aus dem Jahr 1957.

Die linke Zierspitze sollte auf den vier Eckpfosten eines Himmelbetts angebracht werden. Die rechte stammt vom Kranzgesims eines Schreibsekretärs im Governor-Winthrop-Stil. Beide Zierspitzen haben einen Zapfen, der in ein entsprechendes Loch in der rechteckigen Unterlage passt. Das Oberteil der Zierspitze für den Schreibsekretär ist hier als schlichte Tropfenform gestaltet, man könnte es aber auch mit geschnitzten Spiralkannelierungen versehen, um es wie eine Flamme wirken zu lassen.

Zwei Zierspitzen für Möbelstücke

Mustervorlage mit 100% kopieren.

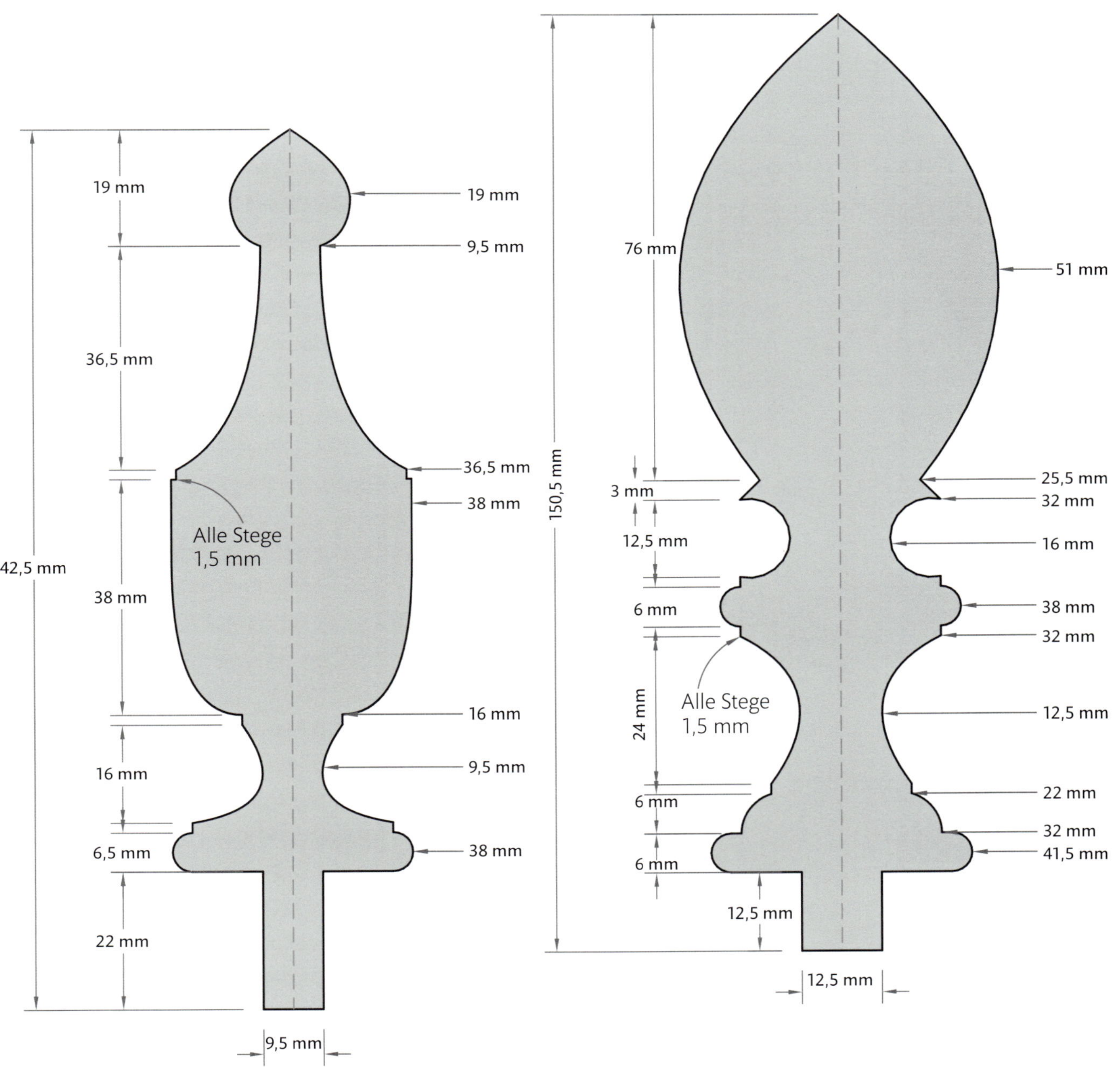

Kapitel vier

Werkstatt und Garten

Wenn man Werkzeuge besitzt, benötigt man auch Werkzeuggriffe. So werden Drechseleisen zum Beispiel oft ohne Griffe verkauft, sodass man seine eigenen gestalten kann. Einen runden Griff zu drechseln, ist keine schwierige Arbeit, aber vielleicht möchten Sie sich auch einmal an einem dreiseitigen Griff versuchen, der etwas herausfordernder ist.

Man kann Bausätze und Klingen für Werkzeuge wie einen Kombi-Schraubendreher, eine Reißahle und anderes mehr kaufen. Es gibt aber auch nützliche Werkzeuge, die man ganz aus Holz herstellen kann, etwa einen kräftigen Klüpfel aus hartem Laubholz oder ein Pflanzholz, mit dem man Blumenzwiebeln setzen kann.

Werkstatt und Garten

Dreiseitiger Werkzeuggriff

Dieser Griff wurde für Drechseleisen entworfen, eignet sich aber ebenso gut für verschiedene andere Werkzeuge. Seine Herstellung ist eine gute Übung für das Drechseln mit mehreren Achsen. Das heißt, man spannt den Rohling zwischen vier verschiedenen Paaren von Spitzen ein, um die Seiten zu formen.

Schneiden Sie einen Rohling zu, dessen Querschnitt genau 38 x 38 mm beträgt und der 25 mm länger ist, als der fertige Griff sein soll. Stellen Sie zwei Kopien der Vorlage für die Position der Spitzen her, und kleben Sie jeweils eine auf jedes Ende des Rohlings. Spannen Sie den Rohling an der echten Mittelachse ein, und drehen Sie ihn rund. Spannen Sie ihn dann nacheinander an jedem der nummerierten Punkte ein, und drehen Sie bis zur Kante des Musters ab, das am Reitstockende befestigt ist.
Lassen Sie 25 mm am Spindelstock stehen, um den Rohling umspannen zu können. Die Schneide des Werkzeugs greift größtenteils in die Luft. Schalten Sie die Drehbank aus, und schleifen Sie die Griffseiten glatt.

Spannen Sie den Rohling dann in einem Backenfutter ein, und drehen Sie das Ende je nach Bedarf passend für eine Zwinge, eine Angel oder beides zu. Runden Sie die Enden ab, und stechen Sie den Griff ab.

Dreiseitiger Werkzeuggriff

Mustervorlage mit 100% kopieren.

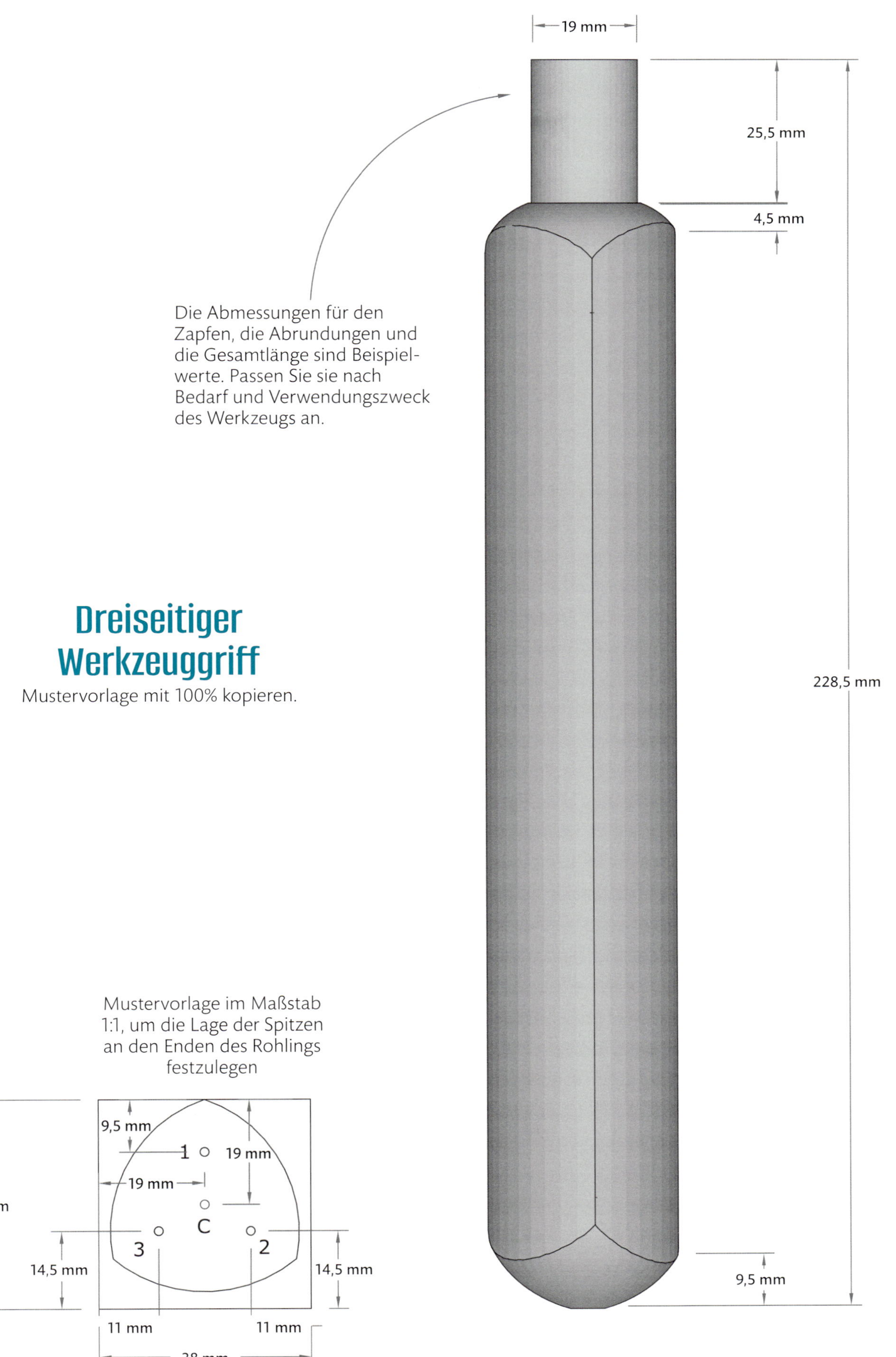

Werkstatt
und Garten

Schraubendreher-griff

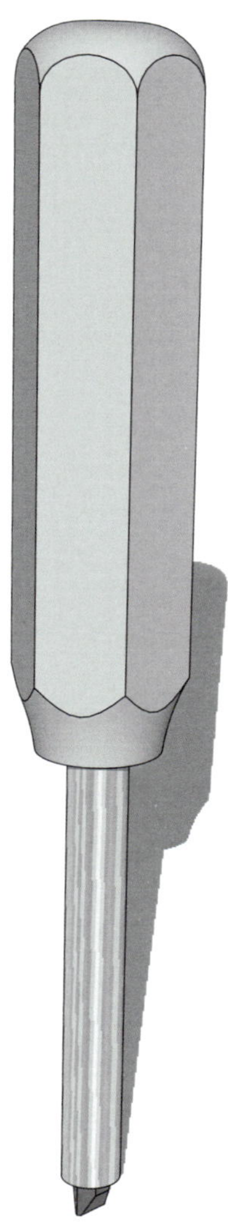

Verschiedene Werkzeughersteller bieten Bausätze für Vierfach- oder Sechsfach-Schraubendreher an. Diese Sätze folgen meist dem gleichen Prinzip: Eine Aufnahme wird mit Epoxidklebstoff in den gedrechselten Griff eingesetzt und nimmt ein langes Doppelbit auf, das an jedem Ende unterschiedliche Köpfe (Kreuzschlitz, Schlitz usw.) aufweist. Im Detail unterscheiden sich die Bausätze jedoch leicht. Die Aufnahmen sind nicht gleich groß; manche Bausätze beinhalten eine Zwinge für den Griff, andere nicht.

Das hier gezeigte Beispiel erfordert eigentlich nur wenig Arbeit an der Drehbank. Beim Zuschneiden des Rohlings versieht man ihn an der Bandsäge mit sechs Seitenflächen. Geben Sie ihm etwa 25 mm Überlänge, und spannen Sie ein Ende in einem Backenfutter ein. Bohren Sie nach den Angaben des Bausatz-Herstellers das gestufte Sackloch mit. Runden Sie die Enden ab, und schleifen Sie den Rest des Griffs, um die Kanten zu brechen. Stechen Sie ihn ab, und kleben Sie die Bitaufnahme ein.

Schraubendreher-griff

Mustervorlage mit 100% kopieren.

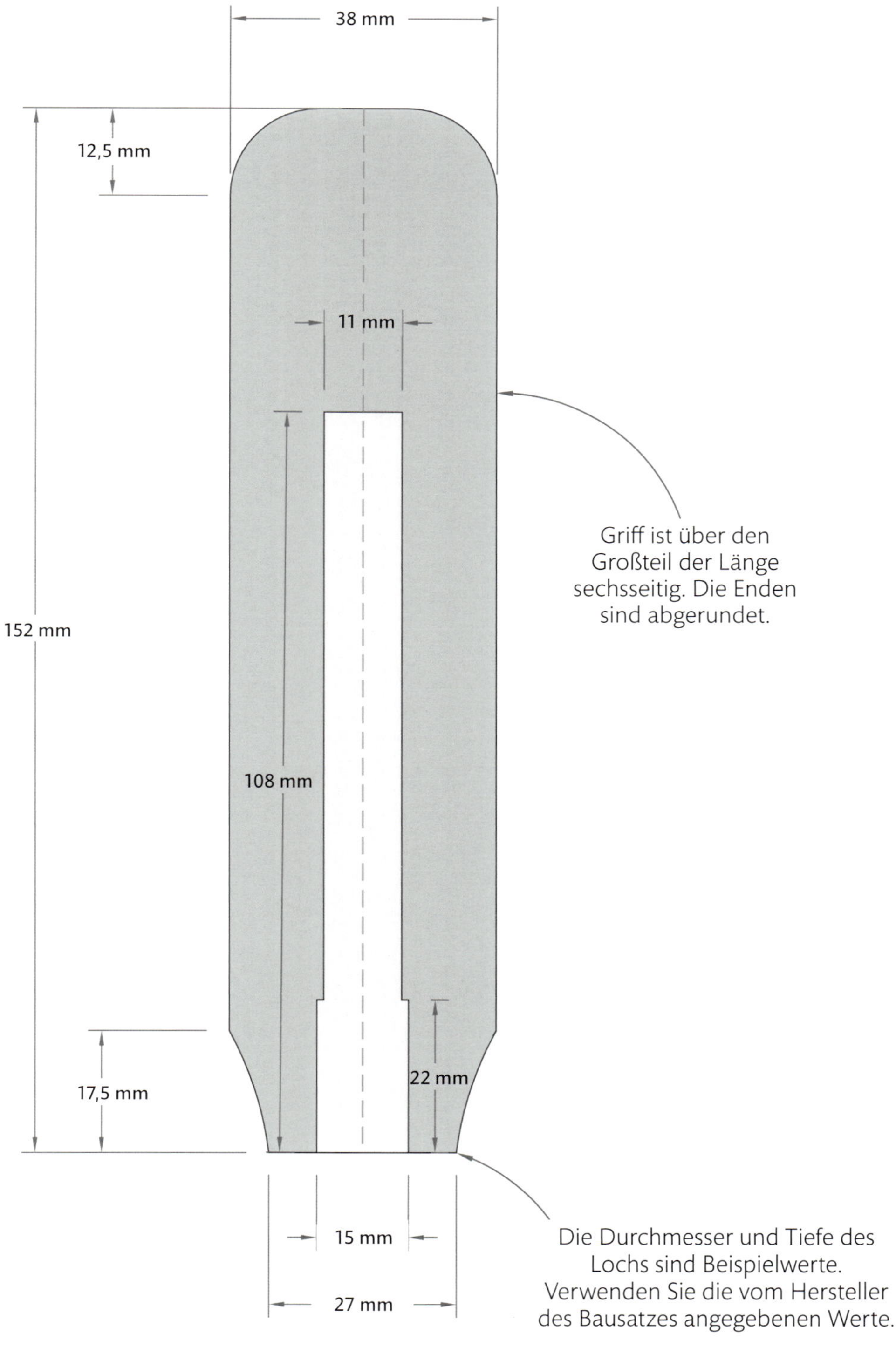

Klüpfel aus Vollholz

Um einen haltbaren Klüpfel herzustellen, sollte man zu einer guten, trocknen und gradmasrigen Kantel aus einem widerstandfähigen, harten Laubholz wie Zuckerahorn oder Pockholz greifen. Der Klüpfel wird beim Gebrauch stark strapaziert, man braucht also ein Holz, das diesen Belastungen gewachsen ist.

Beim Drechseln des Griffs kann man die Form nach eigenen Wünschen abwandeln, um sicherzustellen, dass er gut in der Hand liegt. Wenn man an der Oberkante des Kopfs eine kräftige Fase andreht, hilft diese, das Splittern des Holzes zu verhindern, falls einmal ein Schlag nicht genau trifft.

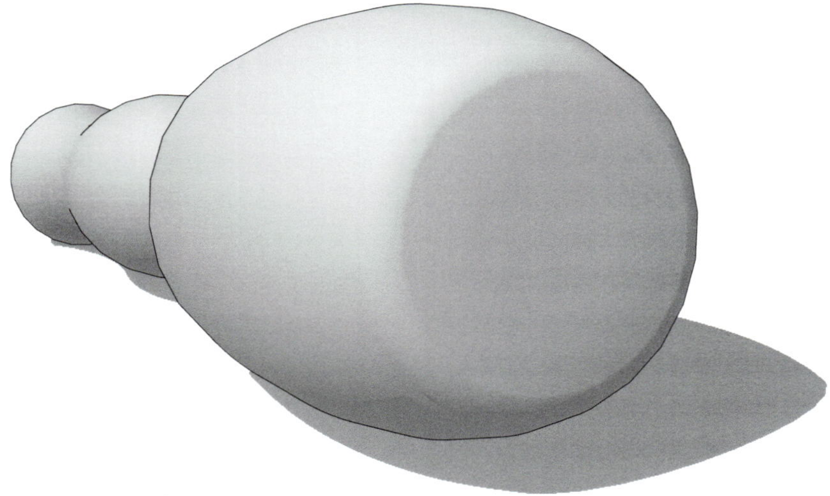

Klüpfel aus Vollholz

Mustervorlage auf 133% vergrößern.

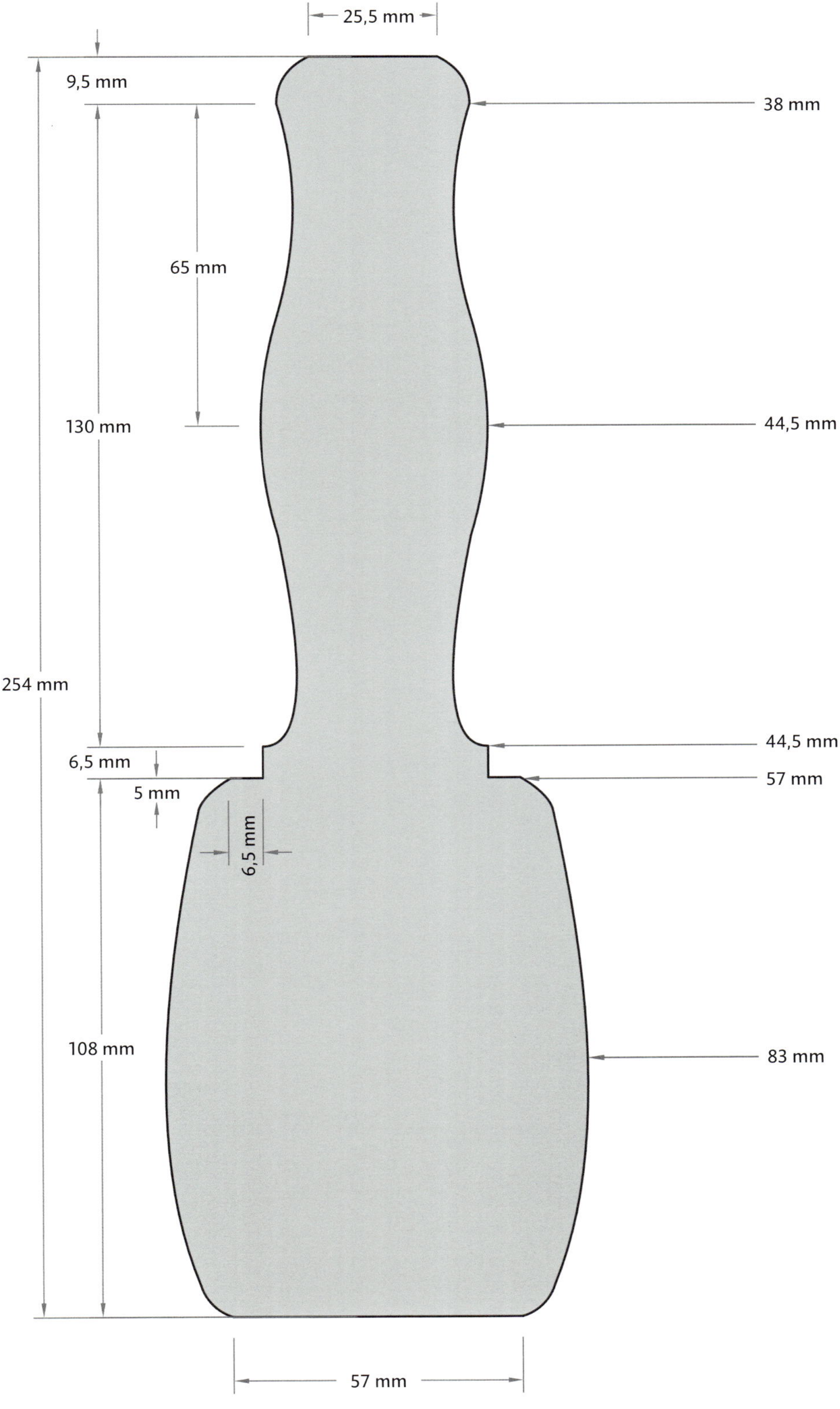

Werkstatt
und Garten

Zwei Stechbeitelgriffe

Stechbeitel gibt es in verschiedenen Formen. Oft hat die Klinge am oberen Ende eine Tülle, in die der Griff eingesteckt wird. Manche Stechbeitel haben eine Metallzwinge am oberen Griffende, um zu verhindern, dass sich das Holz dort unter den Klüpfelschlägen pilzförmig verformt.

Der linke Griff ist für ein einfaches Blatt mit Tülle vorgesehen. Das rechte Exemplar ist am oberen Ende so gestaltet, dass man eine Metallzwinge aufsetzen kann.

Die Abmessungen in den Mustervorlagen sind zur Orientierung gedacht. Sie sollten so abgewandelt werden, dass der Griff passgenau in der Tülle sitzt und die Form gut in der Hand liegt.

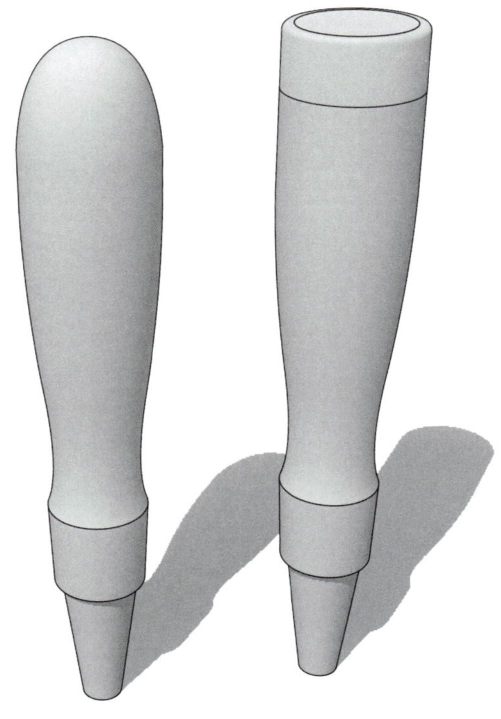

Zwei Stechbeitelgriffe

Mustervorlage mit 100% kopieren.

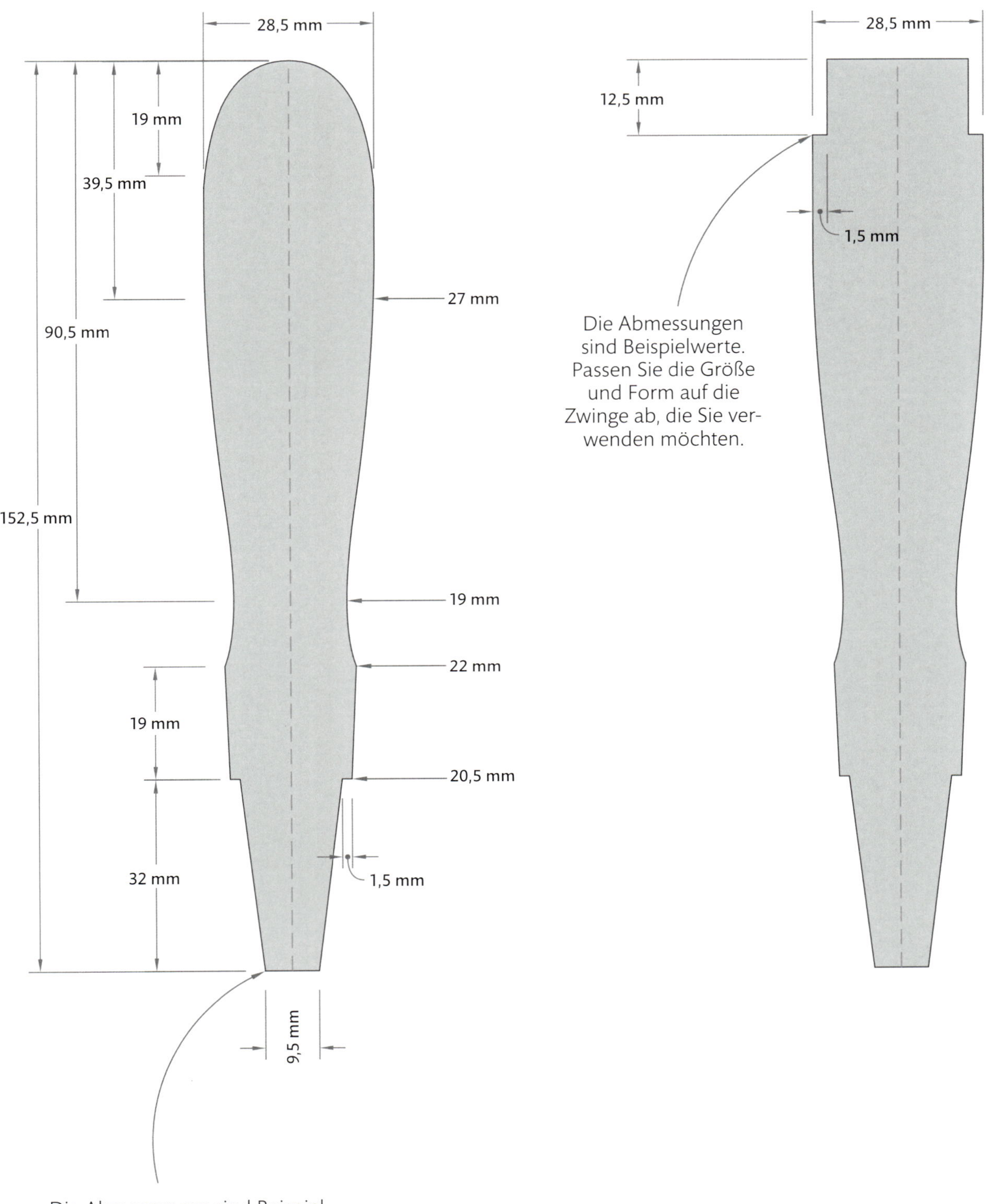

Die Abmessungen sind Beispielwerte. Passen Sie die Größe und Form des Zapfens auf die Tülle am Blatt Ihres Stechbeitels an.

Griff für eine Anreißnadel

Eine gute Anreißnadel begleitet einen jahrelang treu in der Werkstatt. Die hier gezeigte klassische Form liegt gut in der Hand und lässt sich leicht für jede gegebene Klinge anpassen.

Es gibt Hersteller von hochwertigen Werkzeugen, die wunderschöne Anreißnadeln mit Griffen aus ausdrucksvoll gemaserten Tropenhölzern anbieten. Bein Drechseln Ihres eigenen Griffs können Sie ebenfalls auf solches Material zurückgreifen.

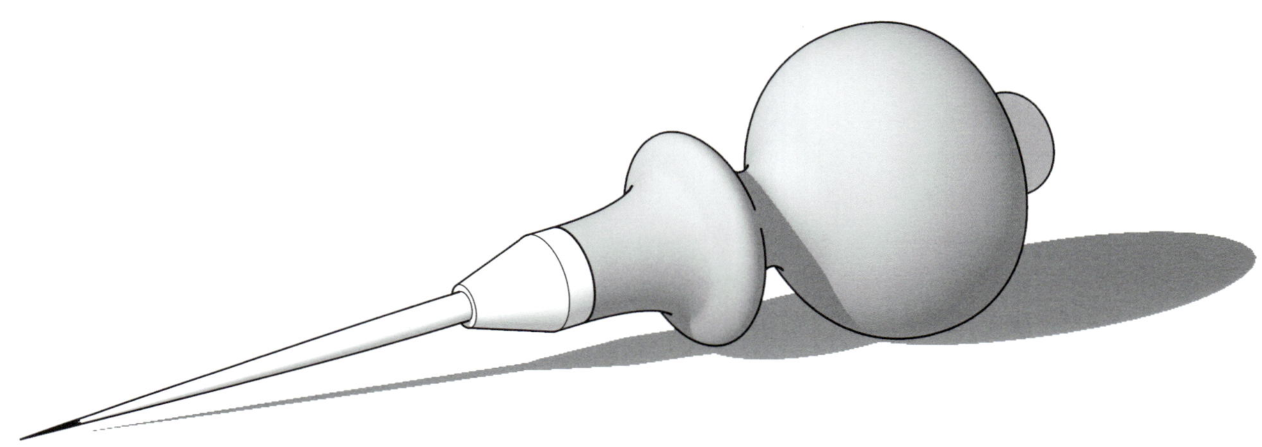

Griff für eine Anreißnadel

Mustervorlage auf 50% verkleinern.

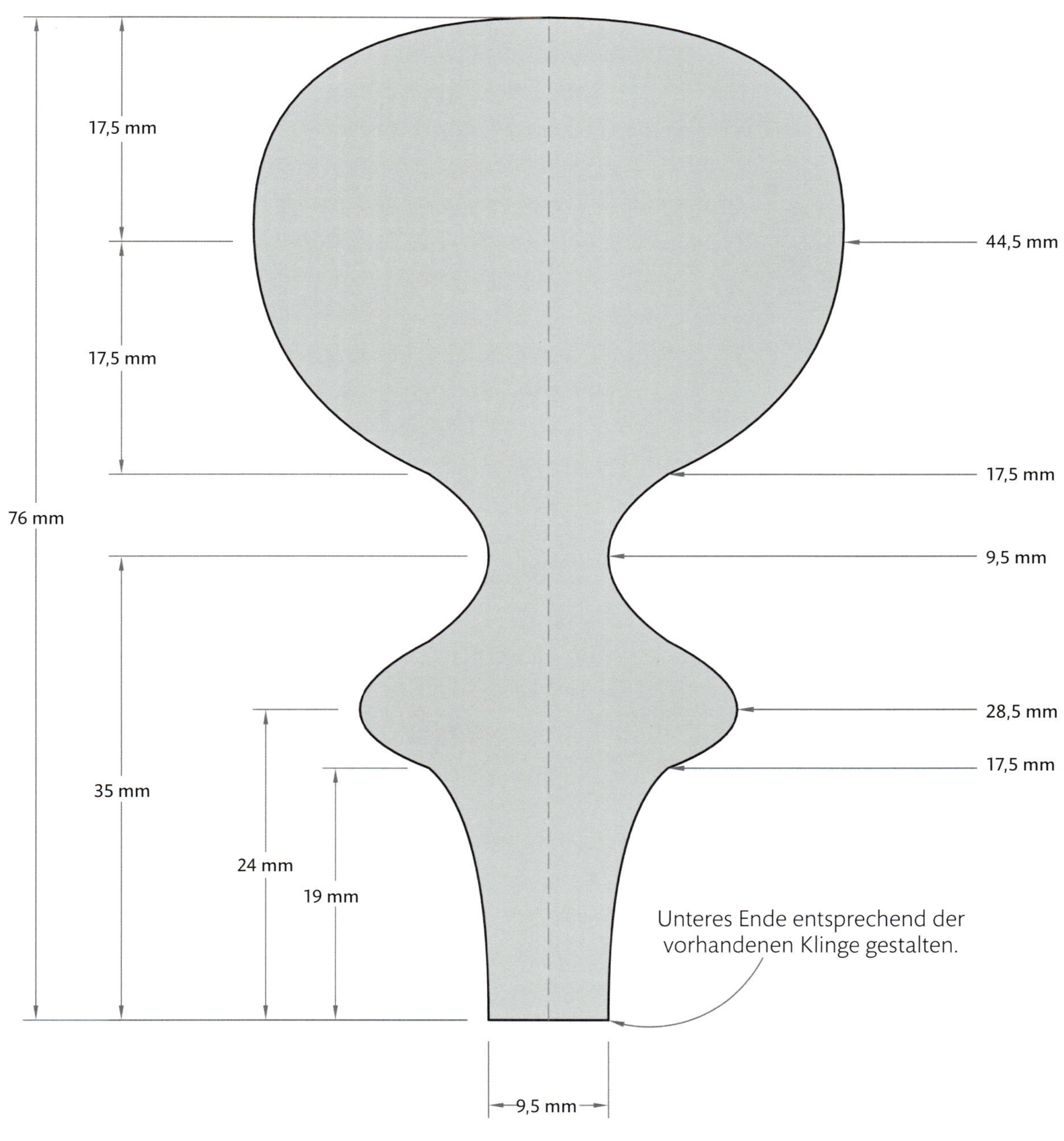

Pflanzholz

Bei Gärtnern sind Pflanzhölzer schon lange beliebt, um gleichmäßige Löcher in den Boden zu stechen, in die dann Setzlinge und Blumenzwiebeln gepflanzt werden. Viele Pflanzhölzer haben am unteren Ende in regelmäßigen Abständen Nuten, um die Pflanztiefe zu bestimmen. Hier sind Abstände von 25 mm angegeben, sie können jedoch nach Bedarf abgeändert werden.

Fast jedes Laubholz ist für dieses Werkzeug geeignet. Ahorn, Kirsch, Mahagoni und Teak wären eine gute Wahl.

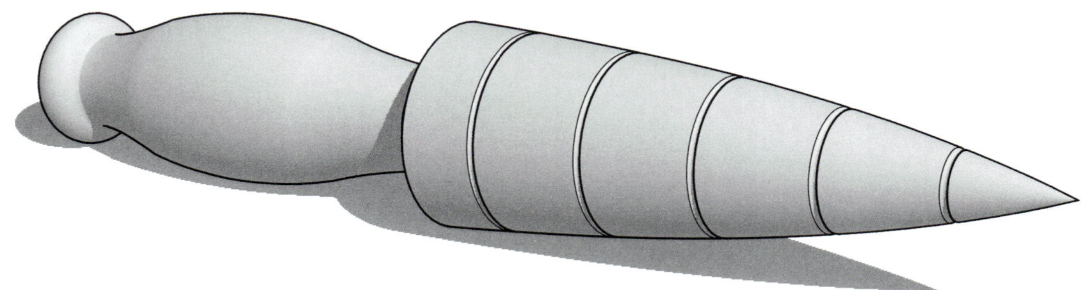

Pflanzholz

Mustervorlage auf 133% vergrößern.

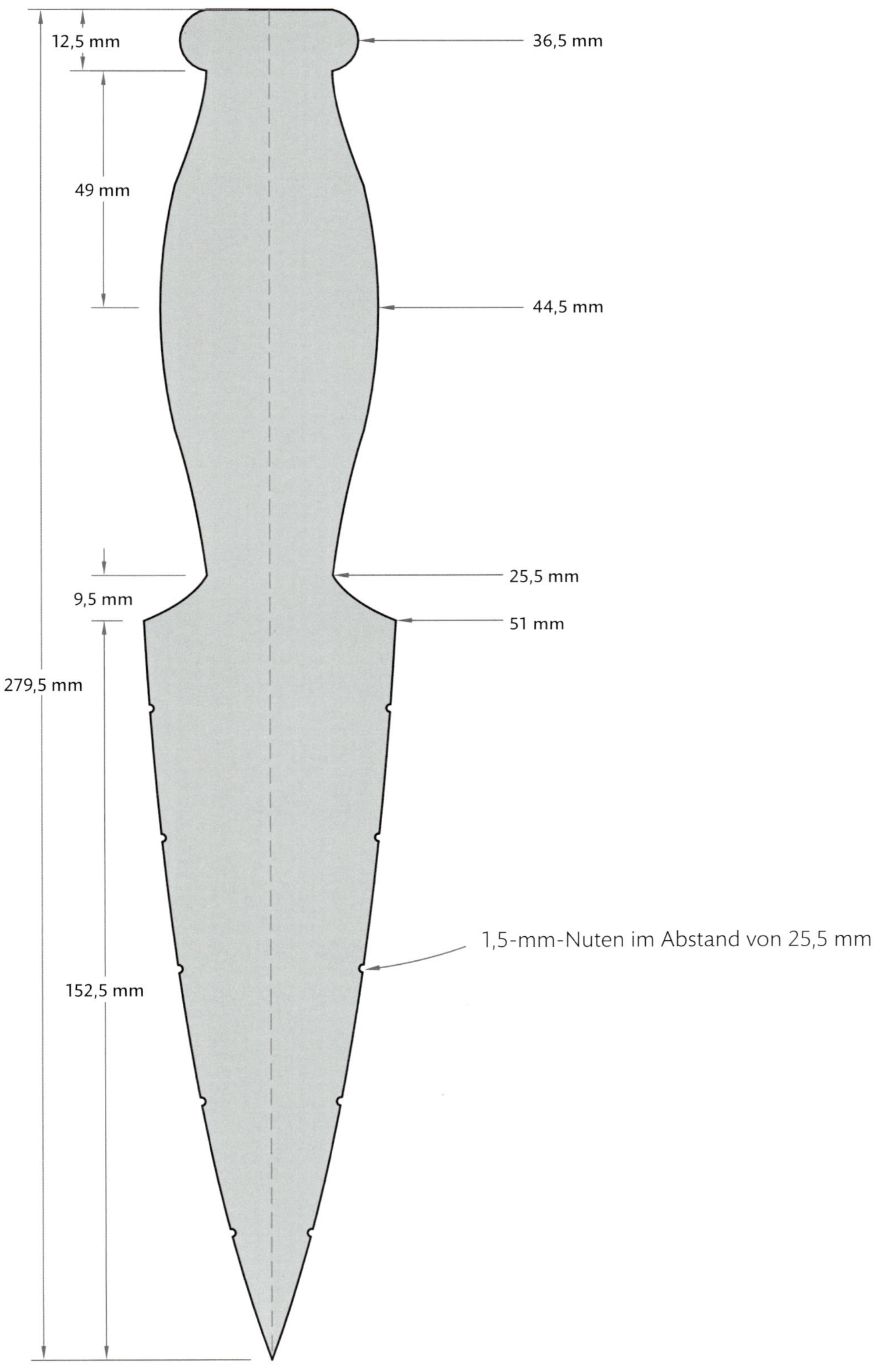

Kapitel fünf

Lampenfüße und Kerzenständer

Kerzenständer und Lampenfüße müssen nicht aus Glas, Keramik, Silber, Messing oder Zinn sein. Ein gedrechseltes Exemplar kann mit der natürlichen Holzoberfläche belassen werden, man kann es aber auch mit Blattgold oder -silber belegen oder hochglänzend lackieren, sodass es diesen anderen Materialien ähnelt.

Die Kerzenständer sind großteils recht einfache Langholzarbeiten. Die Lampenfüße lassen sich wahrscheinlich am besten aus einem Rohling drehen, der aus mehreren kleinen Teilen zusammengeleimt wurde. Der Lampenfuß im Art-Déco-Stil (siehe Seite 108) wird als Segmentarbeit gedrechselt.

Die Mustervorlagen zeigen in der Mitte des Lampenfußes ein Loch für die Zuleitung, eine Gewindestange oder beides. Man kann die Lampe noch persönlicher gestalten, indem man eigene Schirme und anderes Zubehör verwendet.

Kerzenständer im Stil von Rude Osolnik

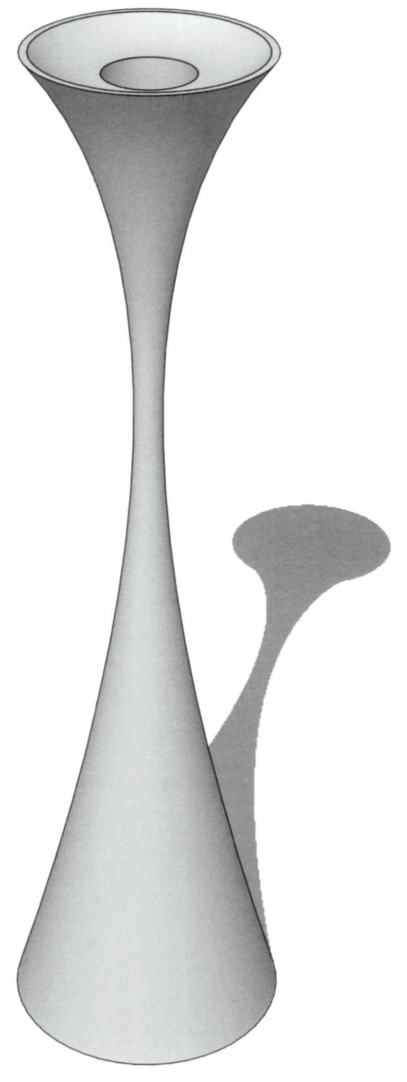

Rude Osolnik (1915–2001) war Mitte des 20. Jahrhunderts einer der ganz großen Drechsler. Neben Bob Stocksdale (siehe Seite 138) und Ed Moulthrop war Osolnik maßgeblich daran beteiligt, die Drechselei von einem reinen Handwerk in den Rang einer Kunst zu erheben. Er lehrte 40 Jahre am Berea College im US-Staat Kentucky und veranstaltete in den gesamten USA Kurse und Schauvorführungen.

Viele von Osolniks Arbeiten gehören zu den Dauerausstellungen führender Galerien und Museen. Der hier gezeigte Kerzenständer basiert auf einem seiner bekanntesten Stücke. Er stellte ihn in unterschiedlichen Größen her. Die Version mit 240 mm Höhe gehört zu den größten.

Für diese Arbeit sollte man eine Holzart wie Mahagoni oder Teak wählen, der Rohling sollte etwa 25 mm Überlänge gegenüber dem fertigen Kerzenständer aufweisen. Drehen Sie den Rohling rund, und schneiden Sie an einem Ende einen Zapfen an, um den Rohling in einem Backenfutter einspannen zu können. Bohren Sie das Loch für die Kerze, und formen Sie das obere Ende des Ständers. Stützen Sie die Arbeit mit dem Reitstock und Ihrer freien Hand, während Sie das Profil zu Ende drehen.

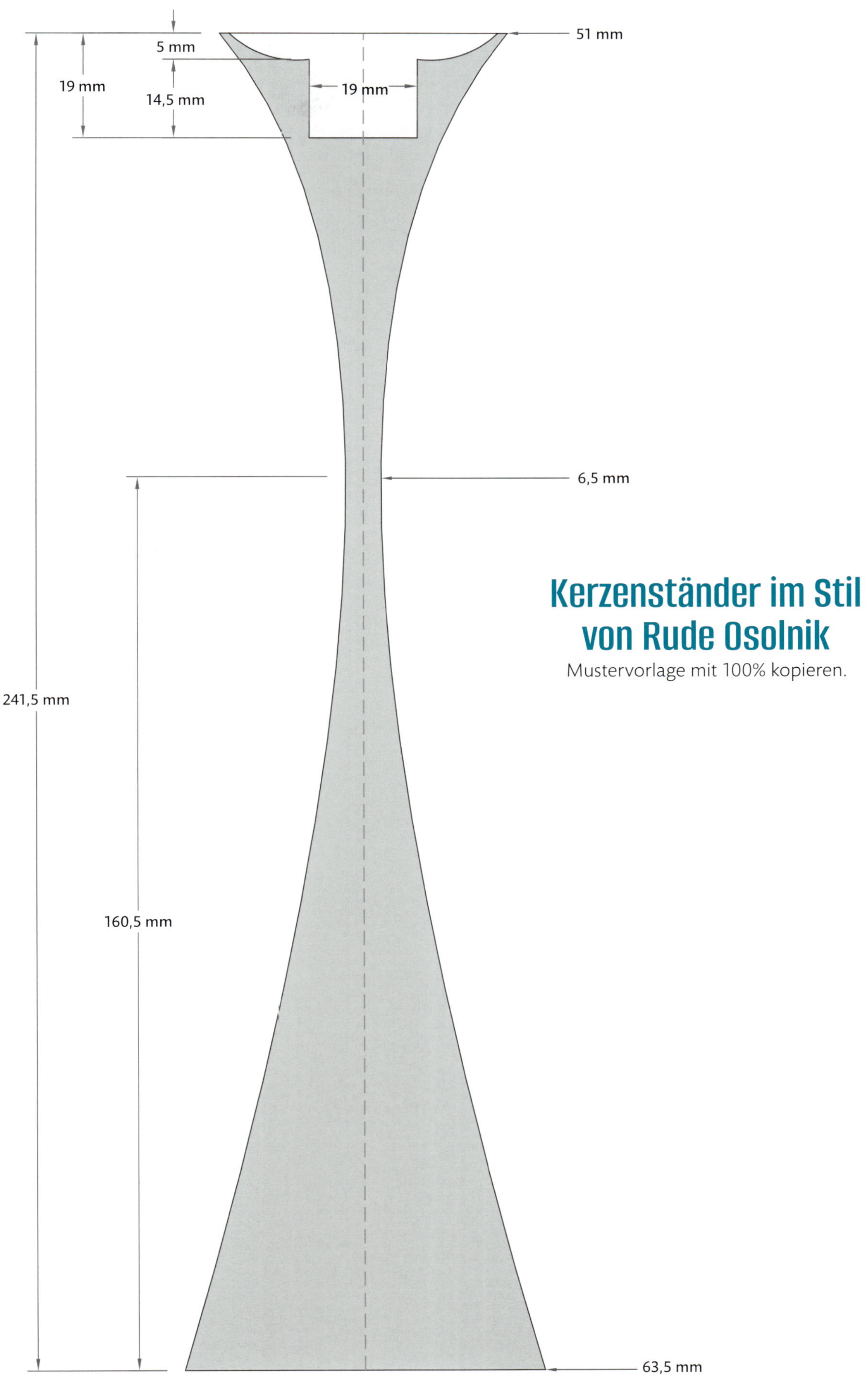

Kerzenständer im Stil von Rude Osolnik

Mustervorlage mit 100% kopieren.

Lampenfüße und Kerzenständer

Traditioneller Kerzenständer

Mit seinen nicht übermäßig filigranen Wölbungen, Rundstäben und Kehlen ist dieses mittelgroße Stück recht einfach zu drehen. Man kann den Entwurf natürlich abändern, etwa indem man unterhalb des Kerzentellers einen einzelnen Rundstab anschneidet oder die Wölbung des Sockels verändert.

Der Rohling für den Kerzenständer sollte mindestens 230 x 115 x 115 mm messen. Fast jede Holzart ist für das Stück geeignet.

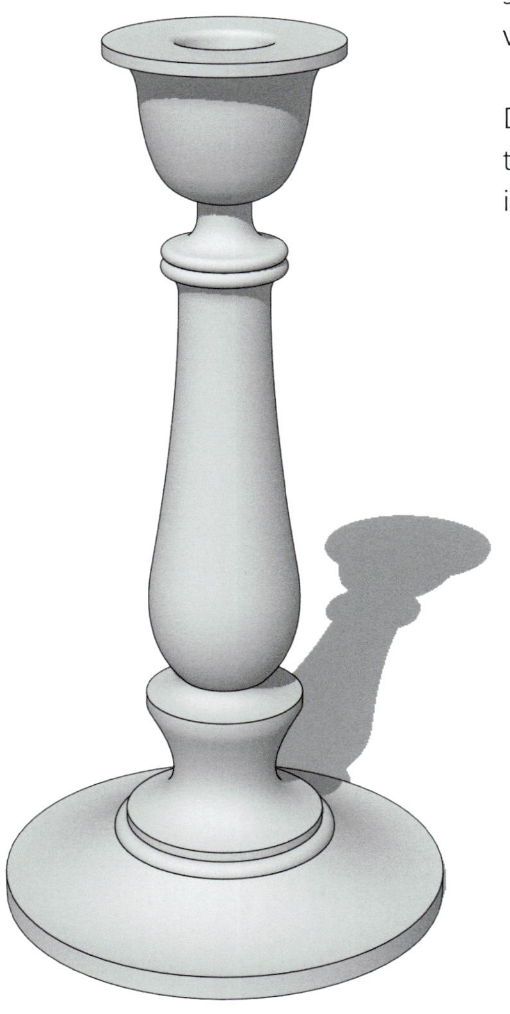

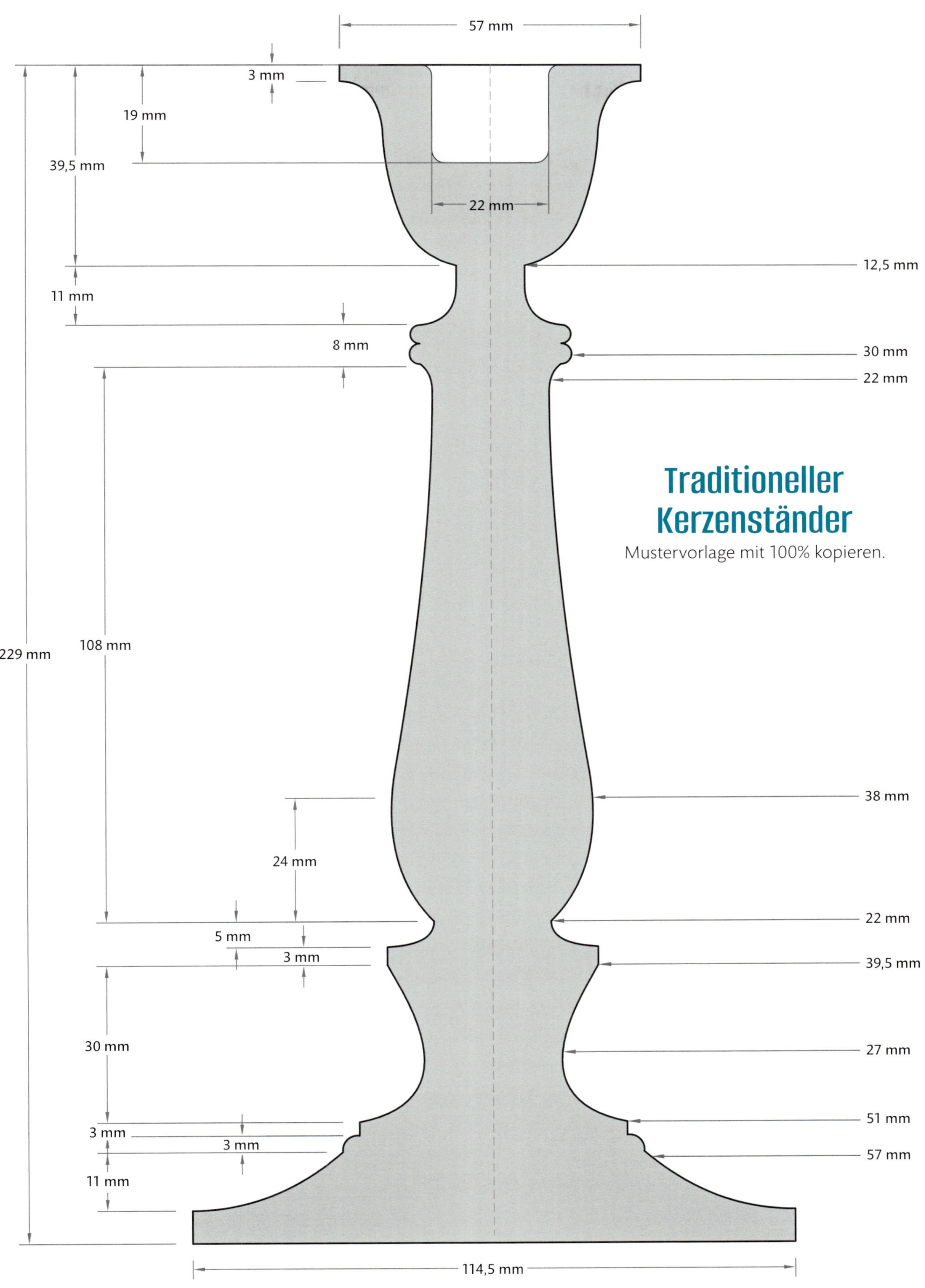

Traditioneller Kerzenständer

Mustervorlage mit 100% kopieren.

Klassizistischer Kerzenständer

Dieser hohe Kerzenständer könnte als Blickfang auf einem Esstisch stehen oder Teil einer kleinen Sammlung werden. Beim Drechseln des eleganten Stücks sollte man darauf achten, die Rundstäbe und andere Details klar und sauber zu schneiden.

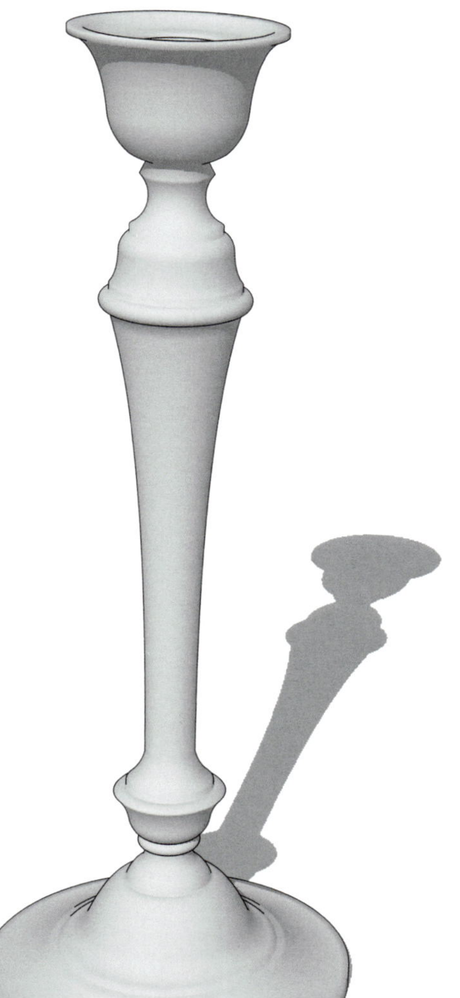

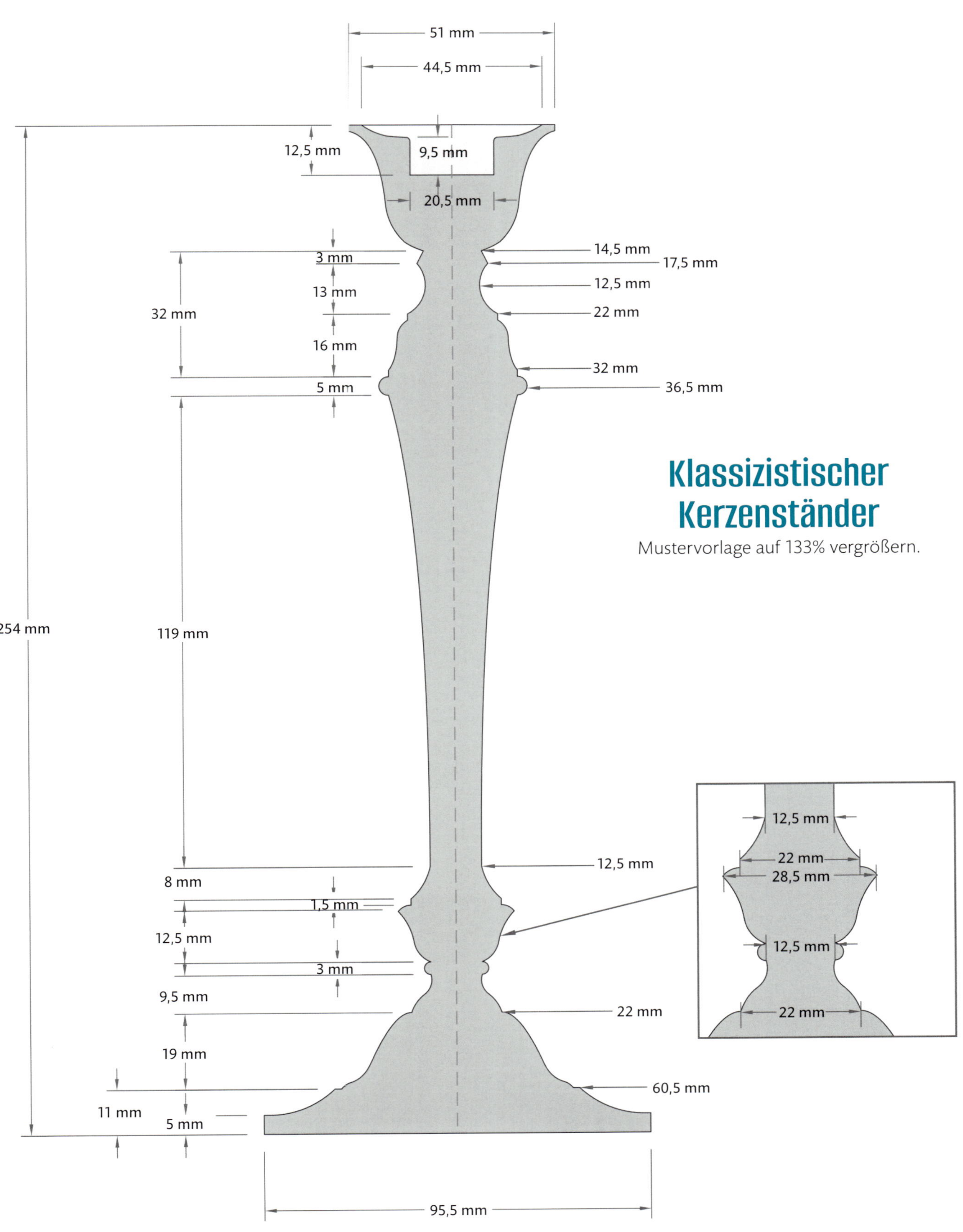

Klassizistischer Kerzenständer

Mustervorlage auf 133% vergrößern.

Kerzenständer im Stil von Robert Jarvies „Delta"

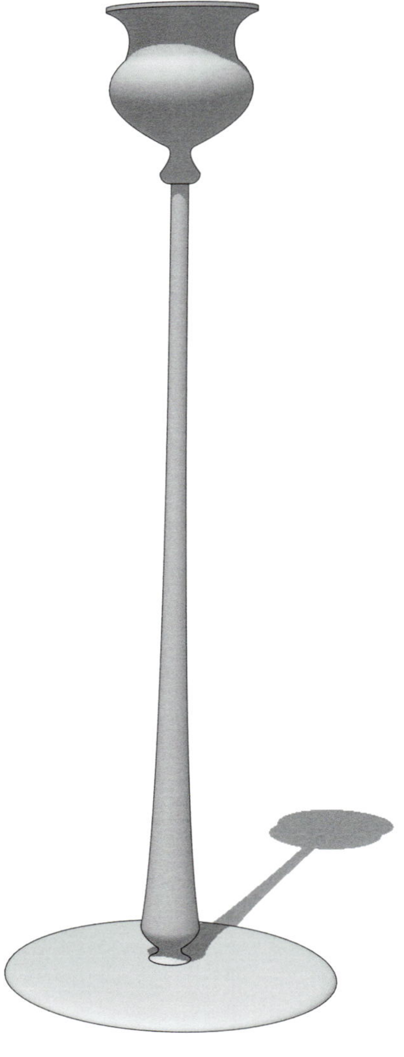

Robert Jarvie arbeitete im frühen 20. Jahrhundert als Juwelier und Goldschmied in Chicago. In seiner relativ kurzen Schaffensperiode entwarf er einige außergewöhnliche Kerzenständer im Arts&Crafts-Stil. Er benannte seine Stücke nach den Buchstaben des griechischen Alphabets. Dieser Entwurf heißt „Delta".

Der lange, dünne Schaft stellt den Drechsler vor Herausforderungen. Spannen Sie den Rohling so ein, dass der Kerzenteller zum Reitstock der Drehbank weist. Stützen Sie das Werkstück am Reitstockende und entlang des Schafts ab. Um Holz zu sparen, kann man den Sockel einzeln drechseln und mit einem Loch in der Mitte versehen, um einen Zapfen am unteren Schaftende aufzunehmen.

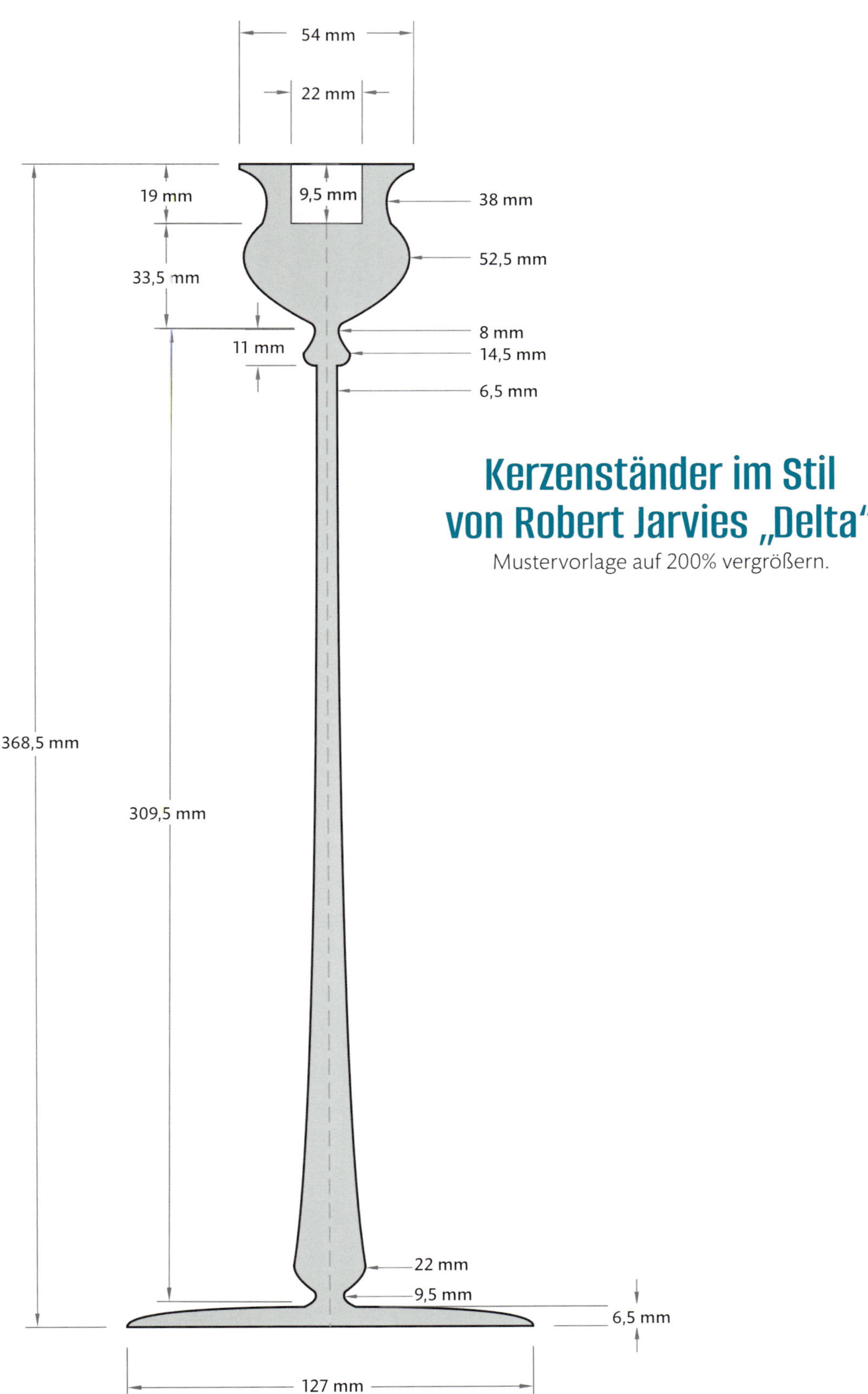

Kerzenständer im Stil von Robert Jarvies „Delta"

Mustervorlage auf 200% vergrößern.

Kerzenständer im Stil von Robert Jarvies „Lambda“

Dies ist ein weiterer Entwurf von Jarvie. Er sollte sehr viel leichter zu drechseln sein als der vorhergegangene.

Man kann den breiten Sockel separat drehen und die beiden Teile des Kerzenständers dann miteinander verleimen. Der Übergang vom Schaft zum Sockel wird dann nach dem Verleimen gestaltet.

Die beiden Jarvie-Kerzenständer könnten sehr gut aussehen, wenn man sie hochglänzend schwarz lackiert. Man könnte ihnen aber auch mit Blattkupfer oder Glimmerpulver ein metallisches Aussehen verleihen.

Im Internet lassen sich leicht Lieferanten und Anleitungen für das Vergolden finden.

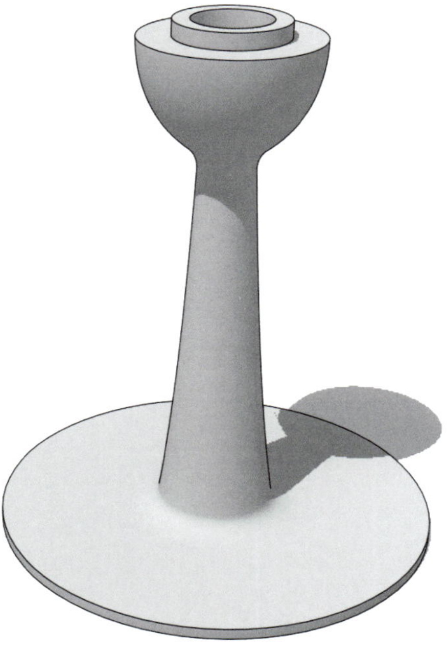

Kerzenständer im Stil von Robert Jarvies „Lambda“

Mustervorlage mit 100% kopieren.

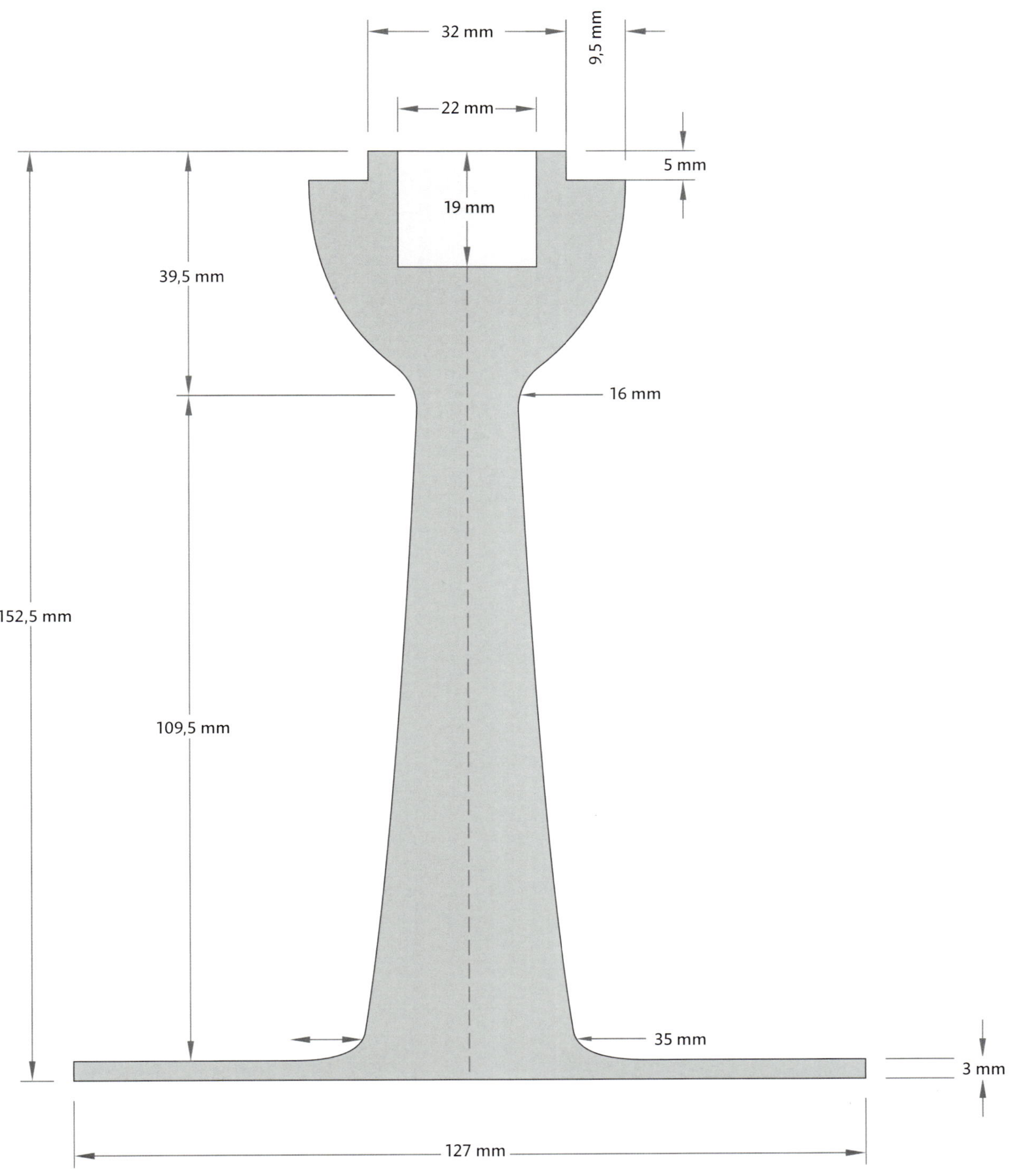

Lampenfüße
und Kerzenständer

Art-Déco-Tischlampenfuß

Der Mittelteil dieses Entwurfs besteht aus einer Segmentdrechselei. Der Rohling wird hergestellt, indem man 12 keilförmige Dauben miteinander verleimt. Zwischen den Dauben wird jeweils ein dünner Streifen farblich kontrastierenden Holzes eingefügt. Die Kombinationsmöglichkeiten sind endlos: Palisanderdauben mit Stechpalmenholzstreifen oder Zebranodauben, die durch Streifen von Grenadill voneinander getrennt werden. Für die kontrastierenden Streifen könnte man sogar zu Aluminium oder Messing greifen. Deckel und Sockel werden aus einer dritten Holzart gedreht, die gut zu den anderen passt.

Wenn der Mittelteil des Lampenfußes als Segmentdrechselei ausgeführt wird, bleibt das Zentrum offen. Man kann also eine hohle Gewindestange einbauen, um das Zuleitungskabel aufzunehmen, ohne ein langes Loch in Längsrichtung bohren zu müssen.

Der Deckel, Mittelteil und Sockel werden jeweils separat gedrechselt. Dann werden die Teile miteinander verleimt, zusammen wieder eingespannt, und man schneidet die Übergänge nach.

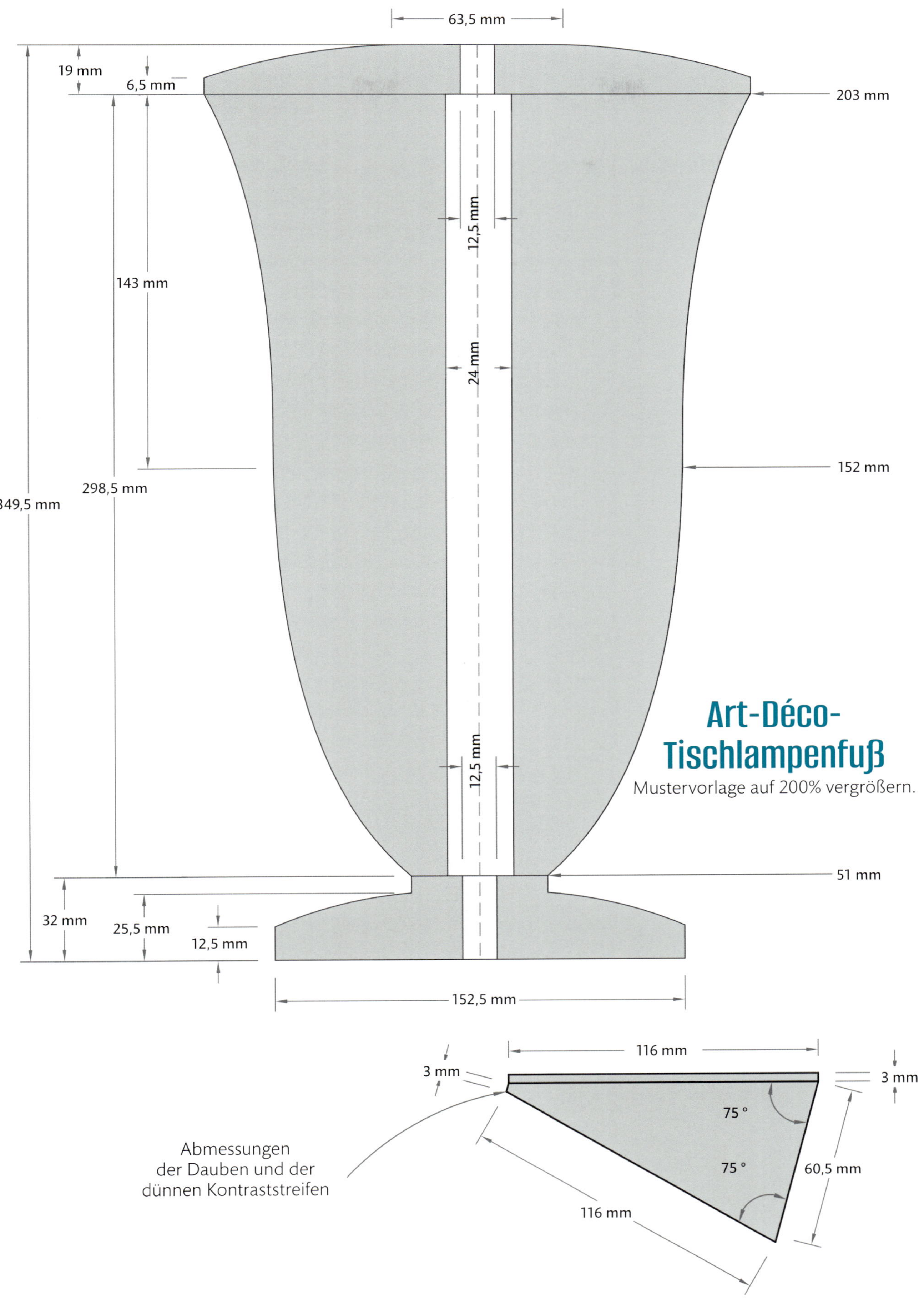

Art-Déco-Tischlampenfuß

Mustervorlage auf 200% vergrößern.

Lampenfuß im Stil der 1950er Jahre

Es kann leichter sein, diese ausladende Form in zwei Teilen zu drechseln. Drehen Sie zuerst den unteren Teil mit seinem Durchmesser von 230 mm, und bohren Sie dann wie dargestellt ein Loch für die Gewindestange und das Zuleitungskabel. Drechseln Sie dann den dünnen Hals. Verleimen Sie die beiden Teile miteinander, und spannen Sie das Stück zwischen Spitzen ein. Schneiden Sie die Form nach, um die Leimfuge unauffälliger zu machen.

Der Lampenfuß kann aus einem Holz wie Mahagoni oder Bubinga gedreht werden. Amerikanische Weißeiche wäre eine andere Möglichkeit. Dann kann man das Holz mit einem Gasbrenner ankohlen und mit einer Drahtbürste polieren. Oder man verwendet ein schlichtes Holz wie Pappel und bemalt den Lampenfuß mit Kaseinfarbe.

Lampenfuß im Stil der 1950er Jahre

Mustervorlage auf 200% vergrößern.

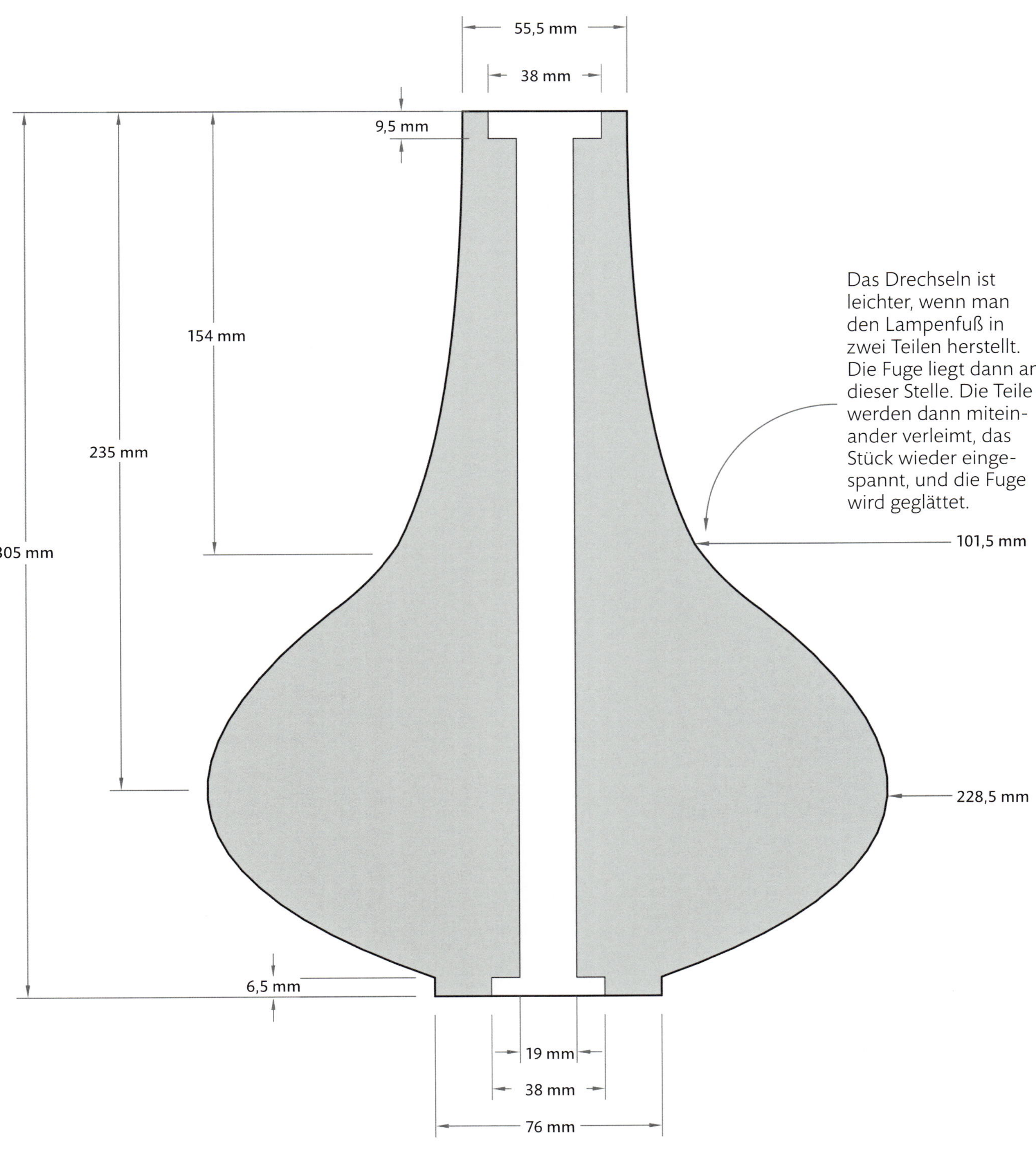

Lampenfuß in Urnenform

Dieser Lampenfuß kann aus einem einzelnen Stück Holz gedreht werden, oder man verleimt aus mehreren Schichten einen Rohling, der 165 x 265 mm misst. Bohren Sie das Mittelloch einzeln in jede Schicht. Richten Sie die Teile dabei mit einer Rundstange aneinander aus.

Lampenfuß in Urnenform

Mustervorlage auf 200% vergrößern.

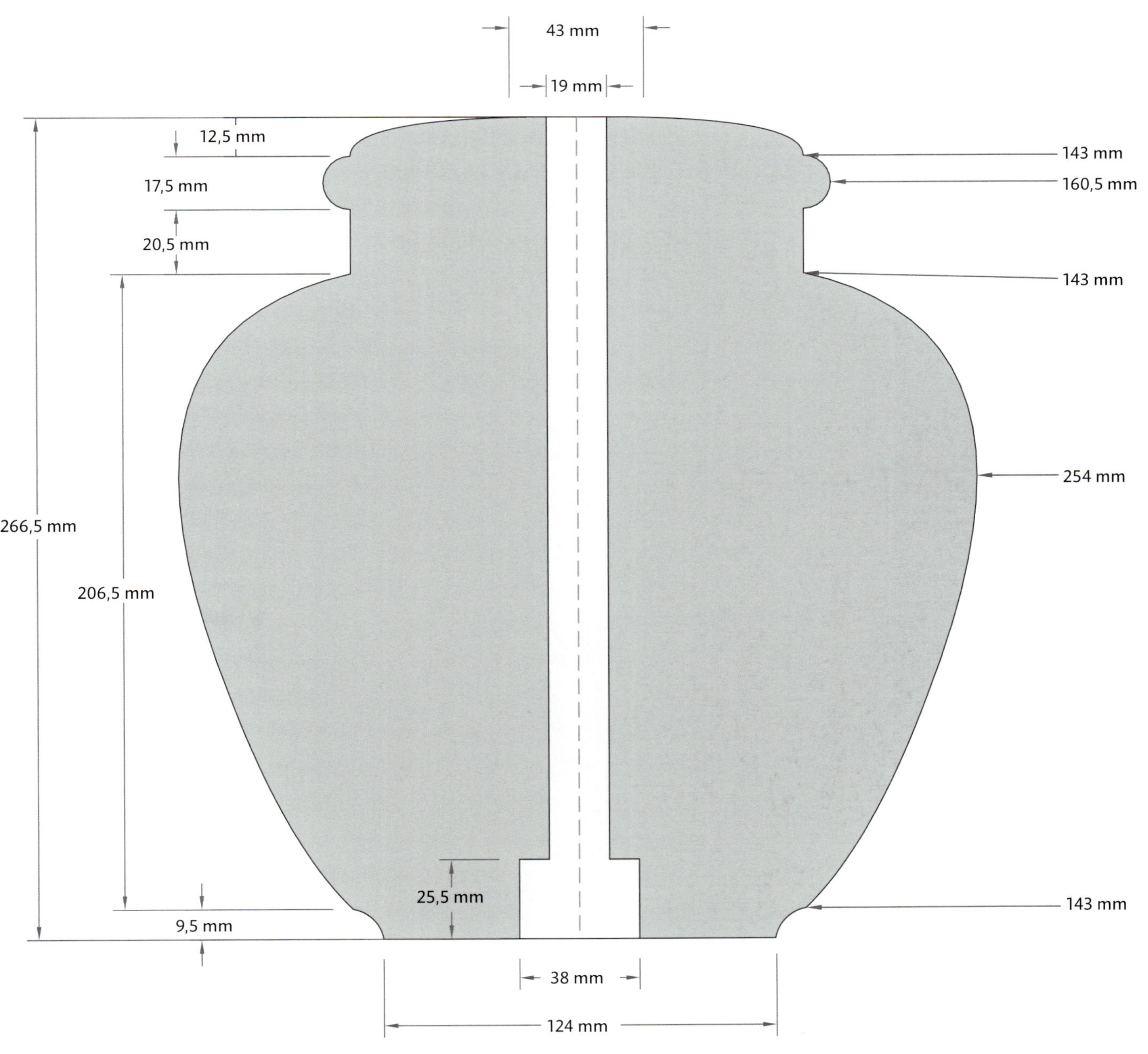

Kapitel sechs

Schalen, Vasen und Teller

In der Wohnung vieler Drechsler fallen einem die unzähligen leeren Schalen auf. Das Drechseln einer Schale ist für sie ein Zweck an sich. Man muss die Schale nicht füllen, um sein Vergnügen an ihr zu haben. Das sieht jedoch nicht jeder so. Mike Mahoney, einer der besten Drechsler der Gegenwart, isst von Tellern, Platten und Schalen, die er selbst hergestellt hat. Er sieht – wie viele andere – eine Schale als einen Gebrauchsgegenstand.

Ob Sie nun ein nützliches Stück oder ein Schaustück drehen möchten, im Folgenden finden Sie eine Vielzahl von Formen, Größen und Stilrichtungen, sodass für jeden Geschmack etwas dabei sein sollte.

Eine einfache Schale

Dieser schlichte Entwurf eignet sich hervorragend für das morgendliche Müsli – die Schale liegt gut in der Hand (und nimmt eine Menge Getreideflocken auf) und lässt sich stolz zur Schau stellen, wenn man sie nicht benutzt. Die klassische Form macht sie zu einem ansprechenden und nützlichen Stück, das auch recht einfach zu drechseln ist. Der Rohling sollte 150 mm Durchmesser aufweisen und 90 mm stark sein. Fast jede Holzart ist geeignet.

Eine einfache Schale

Mustervorlage mit 100% kopieren.

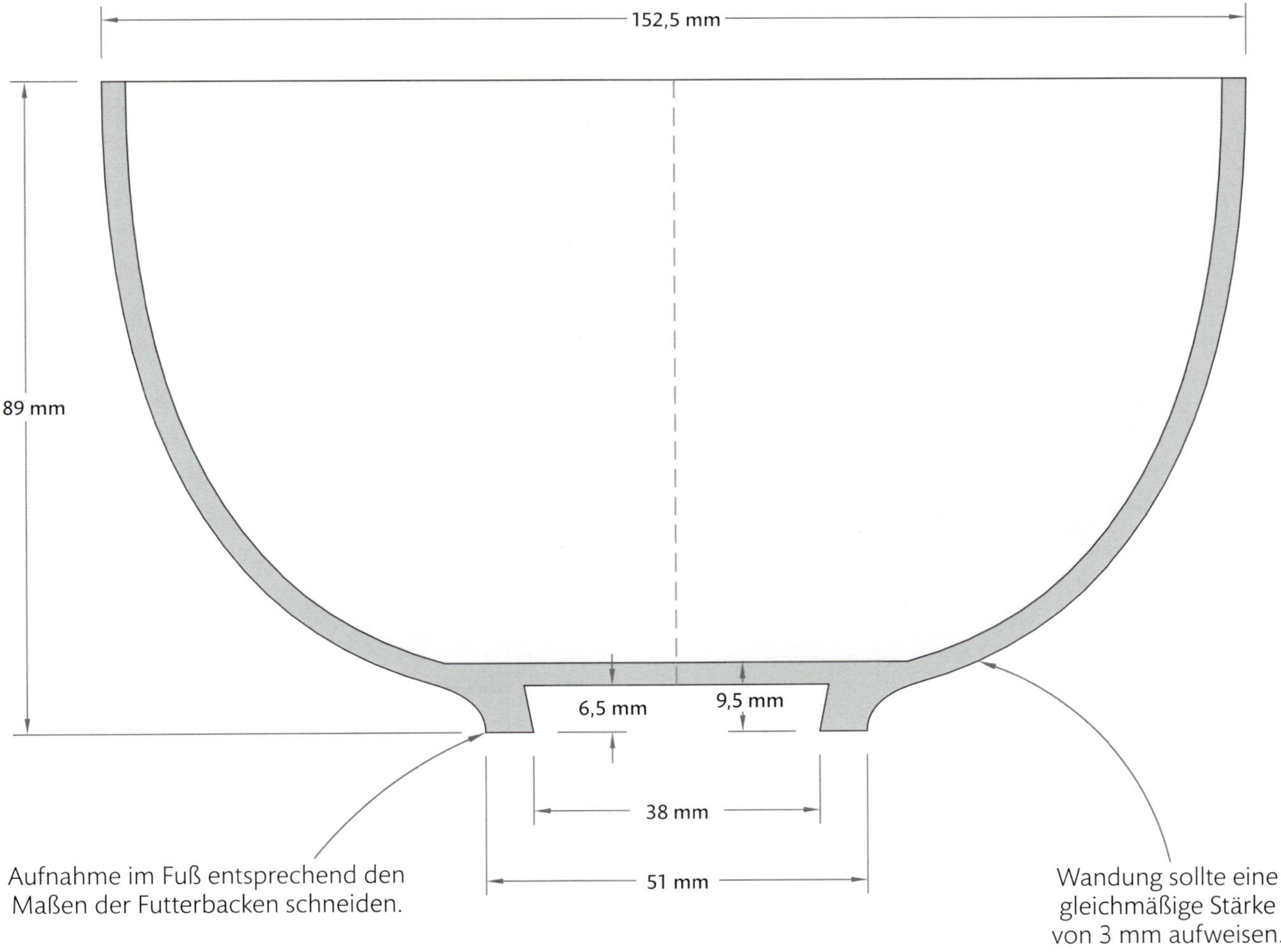

Schale mit gerolltem Rand

Diese einfache Schalenform ist ein Liebling des bekannten Schauspielers William H. Macy, der ein begeistertet Hobbydrechsler ist.

Macy ist vor allem als Darsteller des Frank Gallagher in der Fernsehserie *Shameless* bekannt. Zum Drechseln fand er während der Dreharbeiten zum Film *Fargo*. Wenn er jetzt Zeit dafür erübrigen kann, zieht er sich in seine Werkstatt zurück und widmet sich dem Möbelbau oder der Drechselei.

Der Rand der Schale besteht aus einem dicken Rundstab, der nahtlos in die Innenwand übergeht. Die Wandung wölbt sich vom Rand bis zu einem schlichten, graden Fuß. Mit 230 mm Durchmesser und 75 mm Höhe ist das Stück relativ klein.
Die Form lässt sich leicht auf einen kleineren oder größeren Rohling anpassen.

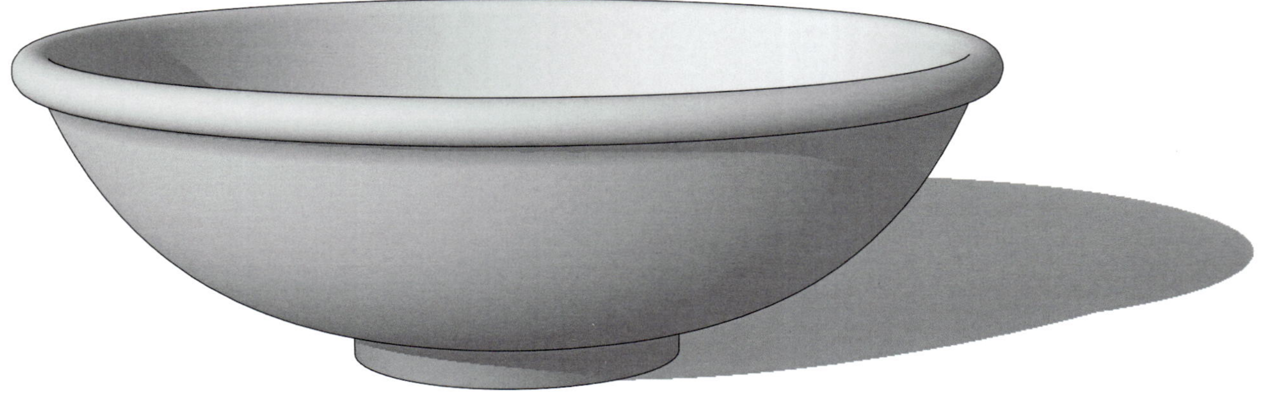

Schale mit gerolltem Rand

Mustervorlage auf 133% vergrößern.

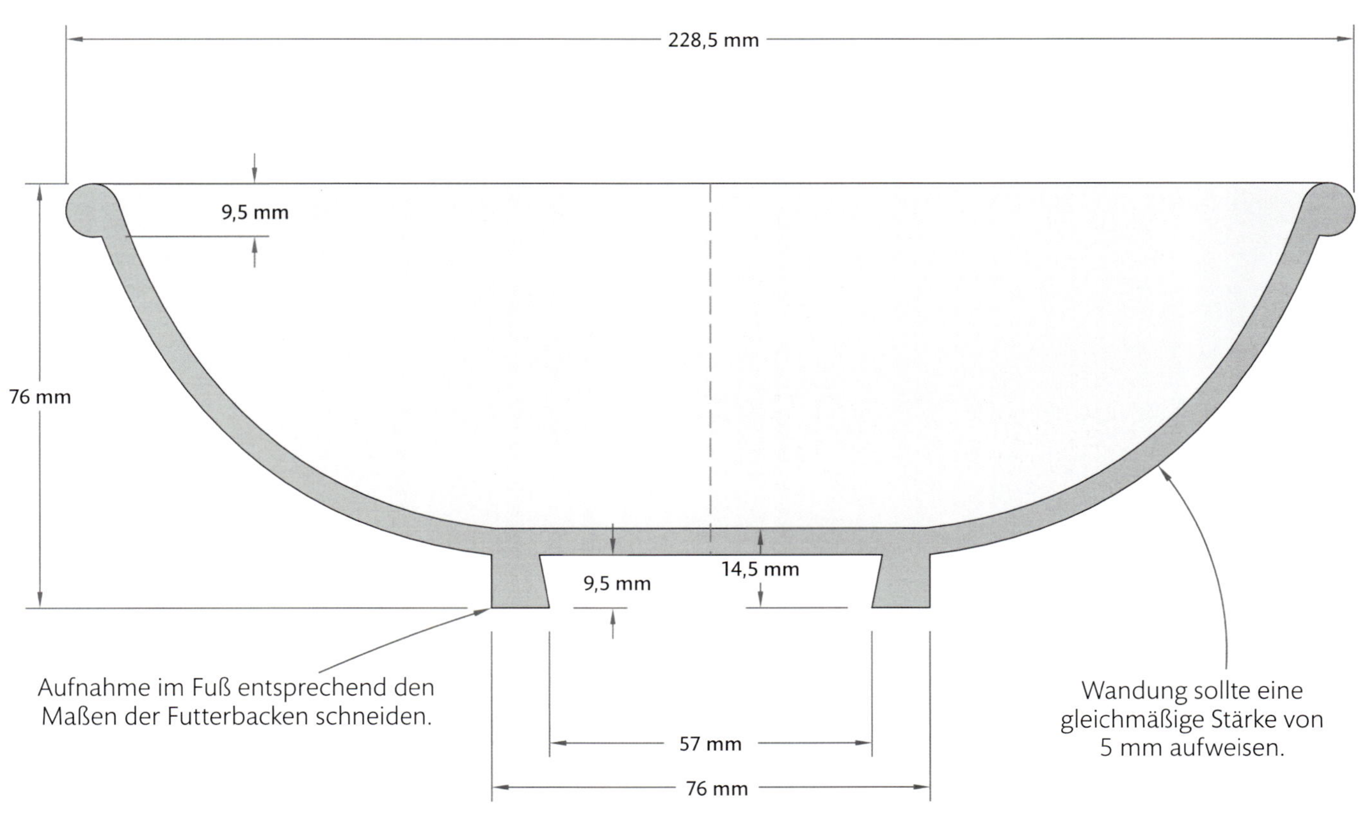

Schale im Stil von Paul Revere

Die zeitlose Eleganz dieses Entwurfs geht auf eine Silberschale aus der Werkstatt des amerikanischen Freiheitskämpfers Paul Revere zurück.

Der Rohling sollte 90 mm hoch sein und einen Durchmesser von 255 mm aufweisen. Falls Sie kein Holzstück dieser Größe erhalten können, drechseln Sie den Fuß der Schale einzeln. Die beiden gedrechselten Teile werden nach dem Schleifen miteinander verleimt, bevor man ein Oberflächenmittel aufträgt.

Schale im Stil von Paul Revere

Mustervorlage auf 200% vergrößern.

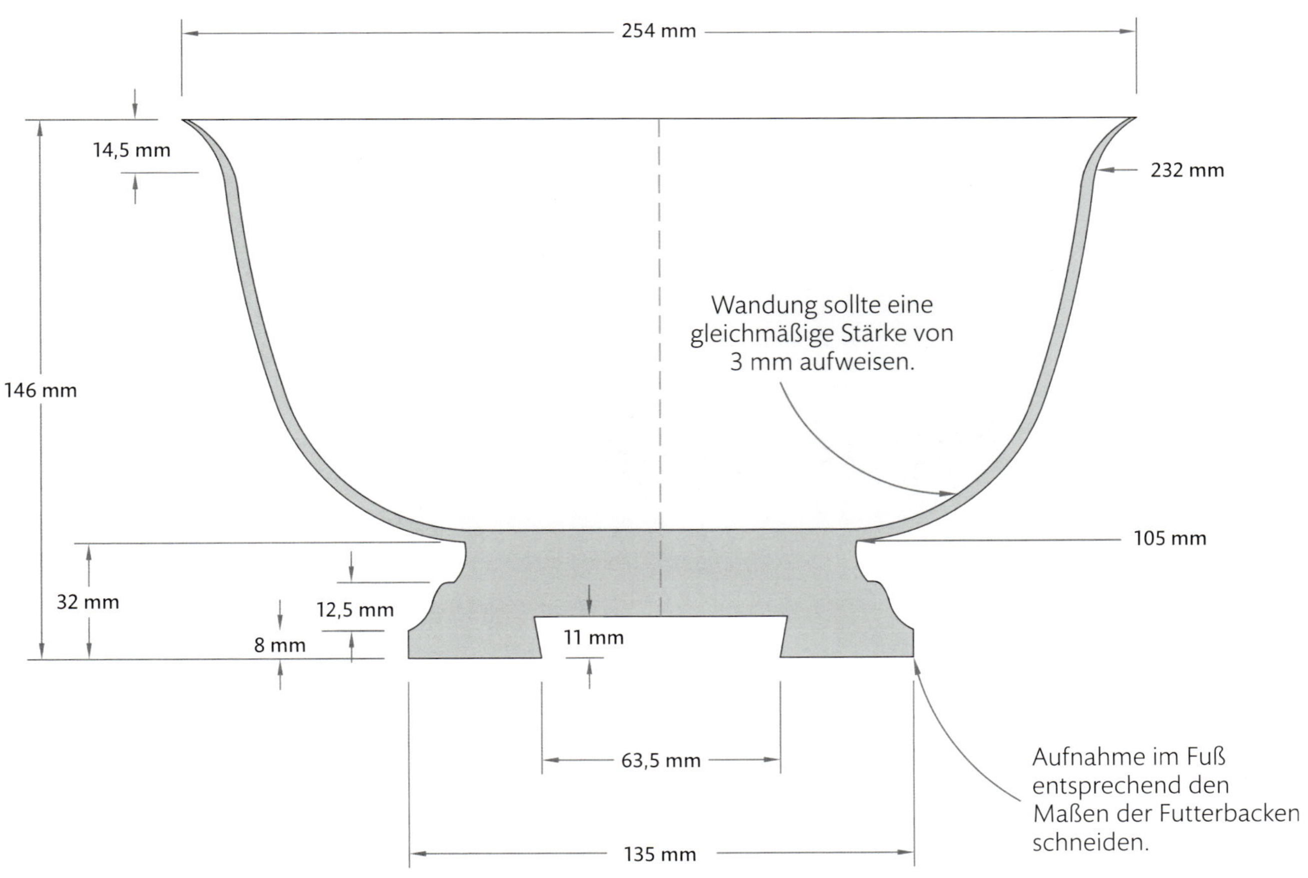

Kalebassen-Schüssel

Das Drechseln dieser Schale ist wegen der Innenwölbung der Wandung unterhalb des Rands eine Herausforderung. Die Innenseite der Schale muss sorgfältig mit einem Schaber oder Ausdreheisen bearbeitet werden.

Der Rohling sollte 75 mm hoch sein und einen Durchmesser von 150 mm aufweisen. Man kann auffällig gemaserte Hölzer verwenden, etwa versporten Ahorn, Maserknollen von Kirsche oder Ahorn, Roten Eukalyptus oder geflammten Eschenahorn

Falls Sie den Fuß der Schale im Backenfutter einspannen, müssen Sie ihn am Schluss noch drechseln oder schleifend versäubern, um die Spuren der Backen zu beseitigen. Sie können sich diese Arbeit ersparen, wenn Sie eine Schwalbenschwanzaufnahme für das Futter in den Fuß drehen.

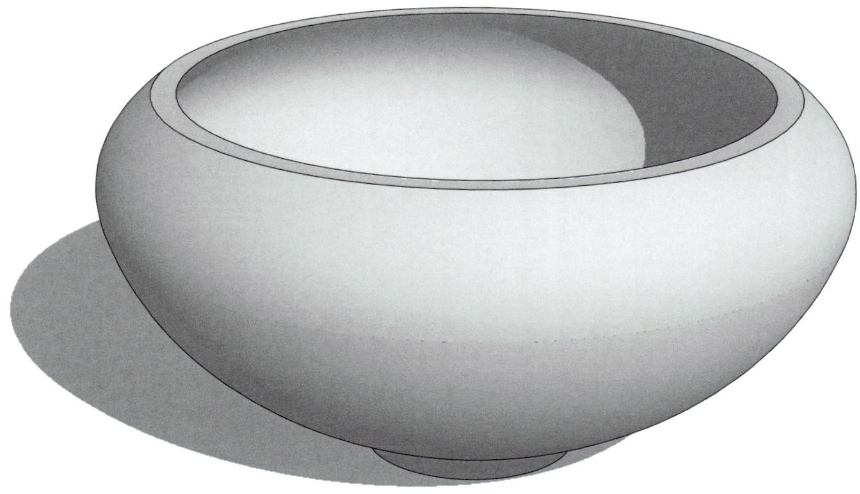

Kalebassen-Schüssel

Mustervorlage mit 100% kopieren.

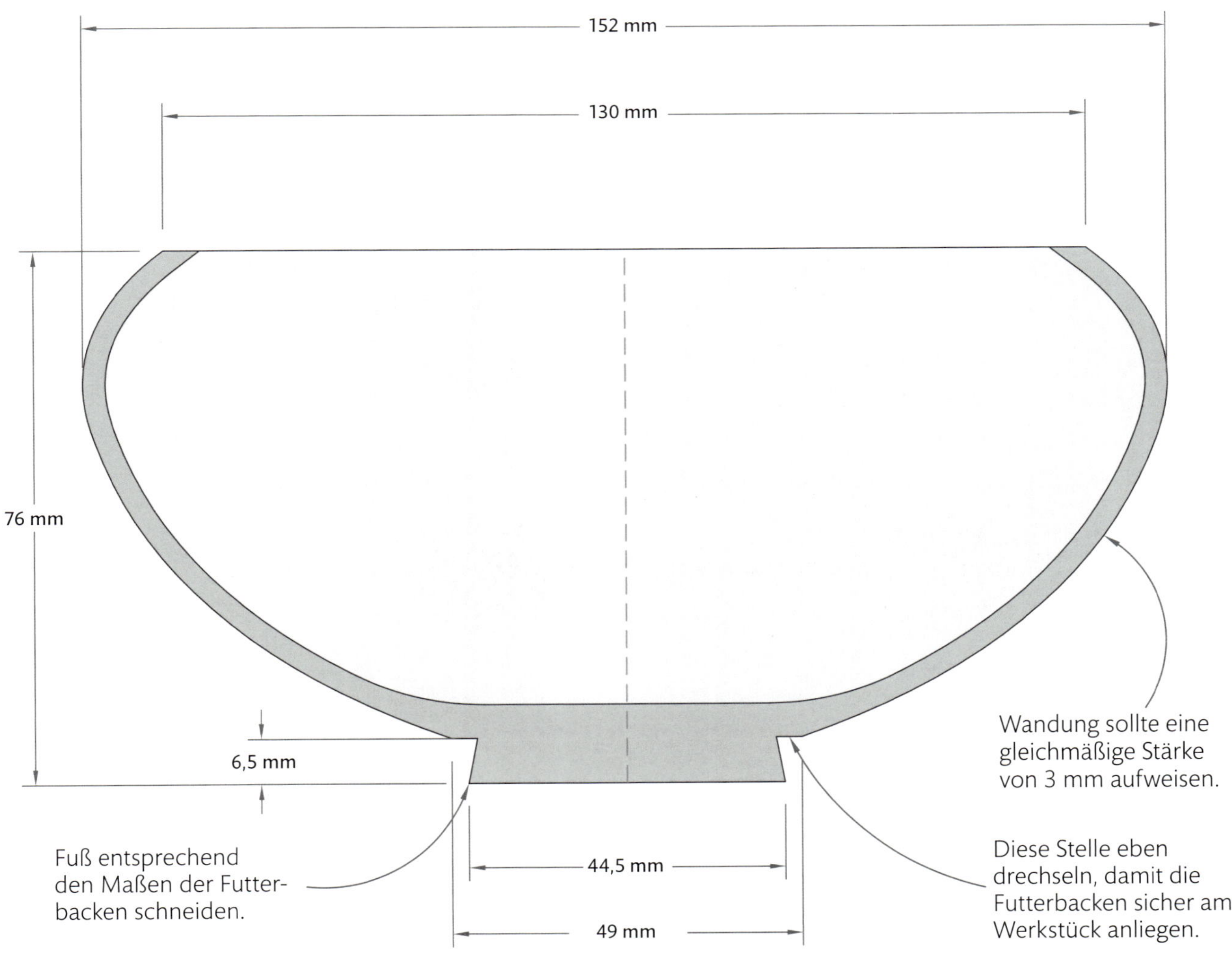

Schüssel für Urushi-Lackierung

Urushi ist ein besonderer Lack, der typisch für traditionelles japanisches Kunsthandwerk ist. Eine Schale wie die hier gezeigte würde eine Oberfläche aus mehreren Schichten Urushi-Lack erhalten.

Falls Sie diese Schale drechseln und dann als Essgeschirr verwenden möchten, sollten Sie auf normalen Lack verzichten und auf ein lebensmittelechtes Oberflächenmittel wie Walnußöl zurückgreifen. Wischen Sie die Schale nach dem Gebrauch mit einem feuchten Tuch aus. Sie sollte jedoch weder mit der Hand noch in der Maschine gespült werden.

Wenn man sie aus Kirschholz dreht, dunkelt die Schale im Laufe der Jahre zu einem wunderbaren Pekannussbraun nach. Andererseits kann man auch fast jedes andere Laubholz als Material verwenden.

Schüssel für Urushi-Lackierung

Mustervorlage mit 100% kopieren.

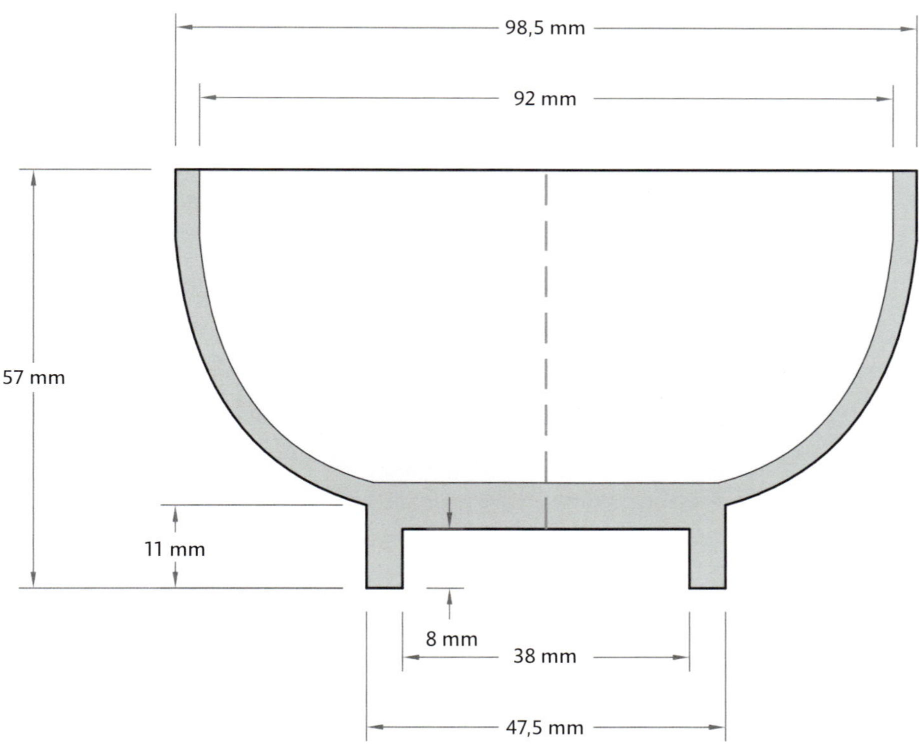

Eine einfache Dose mit Deckel

In der Regel wird eine Dose mit zugehörigem Deckel aus einem einzigen Stück Holz gedrechselt, sodass die Maserung fugenlos vom Unterteil zum Deckel überzugehen scheint.

Deshalb muss eine solche Dose mehrmals neu eingespannt werden. Eine Methode ist die folgende: Der Rohling wird zwischen Spitzen eingespannt, und man schneidet einen Zapfen für ein Backenfutter an. Dann wird das Stück an diesem Zapfen eingespannt. Man drechselt die Außenseite des Unterteils und die Aufnahme an der Unterseite. Dann wird das Unterteil abgestochen. Man spannt es in einem Backenfutter neu ein, um die Innenseite fertig zu bearbeiten und die Lippe am Rand anzuschneiden. Dann wird die Dose ausgespannt und der Deckel mittels des Zapfens eingespannt. Formen Sie die Innenseite des Deckels. Kontrollieren Sie dabei sorgfältig die Passung auf die Lippe am Rand der Dose. Spannen Sie den Deckel umgekehrt neu im Backenfutter ein, um die Außenseite fertigzustellen.

Eine einfache Dose mit Deckel

Mustervorlage mit 100% kopieren.

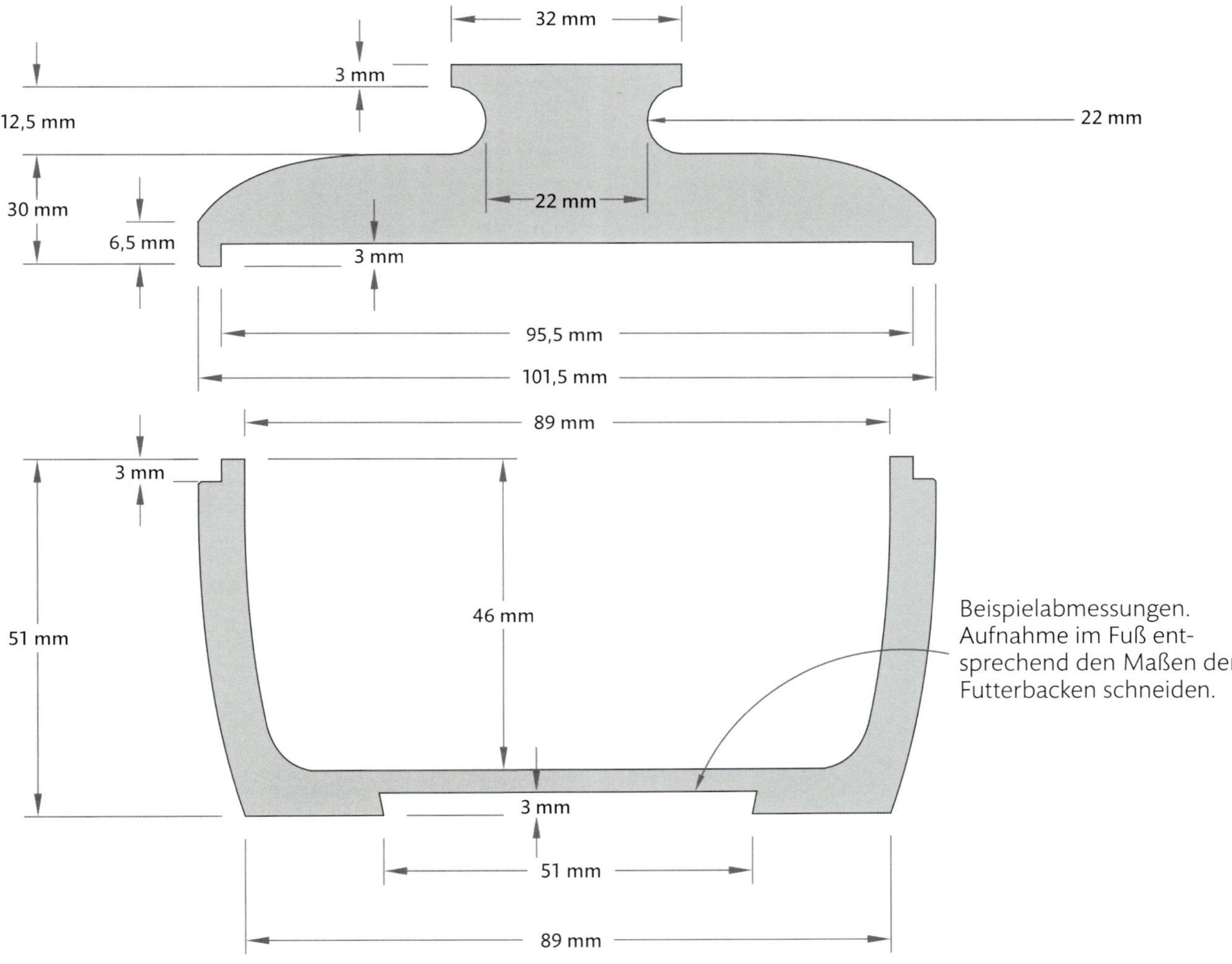

Stengelvase

Eine Stängelvase ist ein gutes Stück für Anfänger, vor allem weil man sich auf das Äußere konzentrieren kann. Das Innere muss nicht vollkommen ausgehöhlt werden – es genügt, eine Bohrung vorzunehmen und deren Öffnung nach außen zu erweitern und formen.

Der Rohling muss etwas mehr als 150 mm lang sein und einen Querschnitt von 75 x 75 mm haben. Er wird zwischen Spitzen rund gedreht und an einem Ende mit einem Zapfen versehen. Dann wird er mittels dieses Zapfens in einem Backenfutter eingespannt. Am Reitstock wird ein Bohrmaschinenfutter angebracht, und dann wird die Innenbohrung angebracht. Das Bohrmaschinenfutter wird dann durch einen mitlaufenden Zentrierkegel ersetzt und der Reitstock so herangefahren, dass die Spitze in das Mittelloch greift. Das Äußere der Vase können Sie ganz nach Ihrem eigenen Belieben gestalten. Ziehen Sie Zentrierkegel zurück, um die Vasenöffnung zu drechseln.

Danach können Sie das Stück abstechen.

Stengelvase

Mustervorlage mit 100% kopieren.

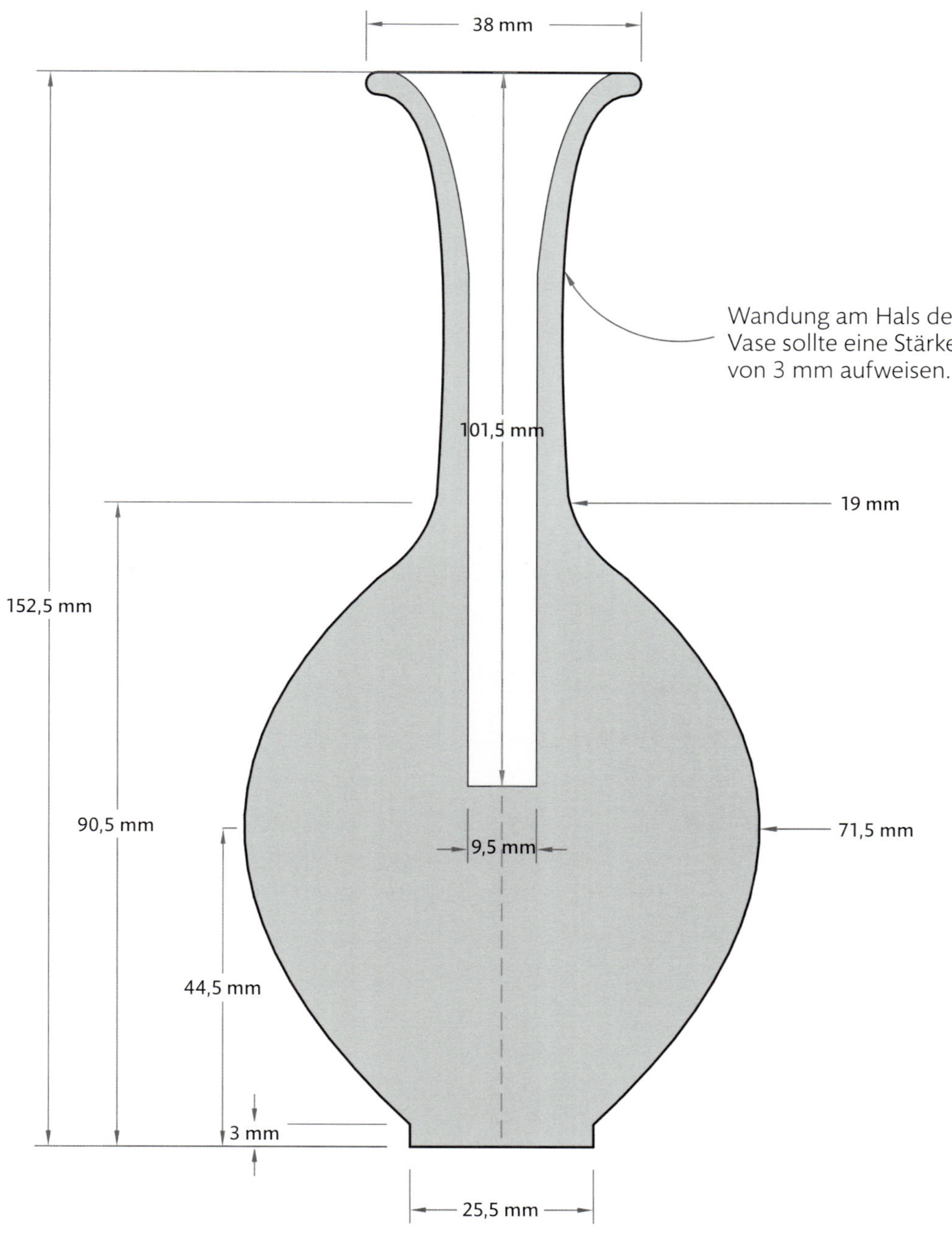

Kleine Vase

Kleine Vasen dieser Form werden manchmal als Dahlien-Vase bezeichnet. Es muss aber nicht unbedingt eine Dahlie sein – jede andere frische oder getrocknete Blume macht sich ebenfalls gut darin.

Am besten lässt sich das Stück drechseln, indem man an einem Ende des Rohlings einen Zapfen anschneidet, den man dann in einem Backenfutter einspannt. Nachdem man die Vase ausgehöhlt und ihr Äußeres gestaltet hat, wird sie am Zapfen abgestochen.

Kleine Vase

Mustervorlage mit 100% kopieren.

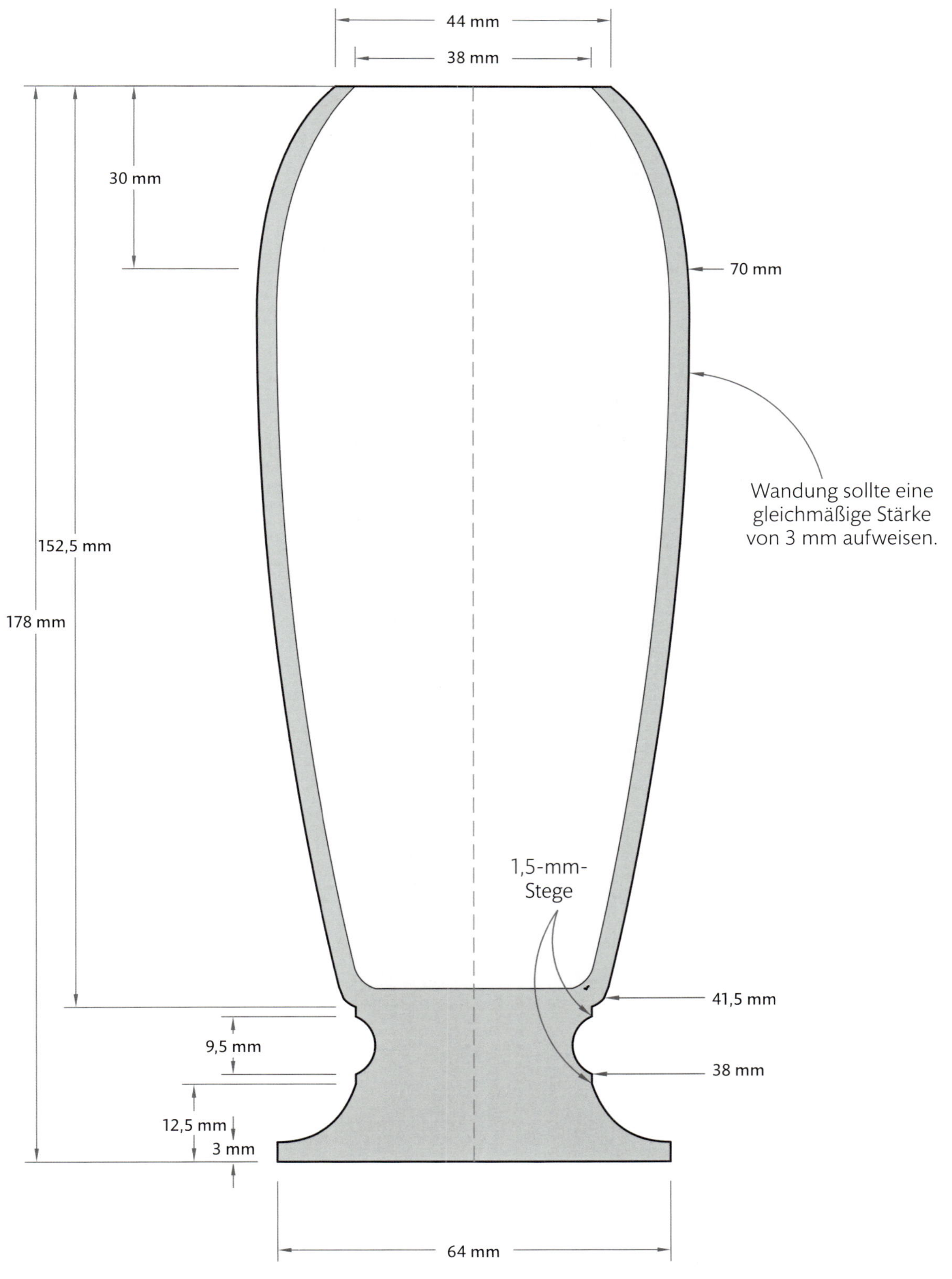

Einfacher Teller

Dieser Entwurf zeigt, was bei einem gedrechselten Teller wichtig ist: Eine große, flache Vertiefung in der Mitte, eine große Standfläche, die für Stabilität sorgt, und ein großzügiger Rand, um den Teller gut halten zu können.

Man sollte dieses große Stück aus einem Holz mit auffälliger Maserung und Textur drehen, etwa versportem Eschenahorn, Vogelaugenahorn oder einem schönen Stück Maserknolle von der Kirsche oder Rotem Eukalyptus. Als Oberflächenmittel bietet sich Schellack oder ein klarer Polyurethanlack für den Ballenauftrag an.

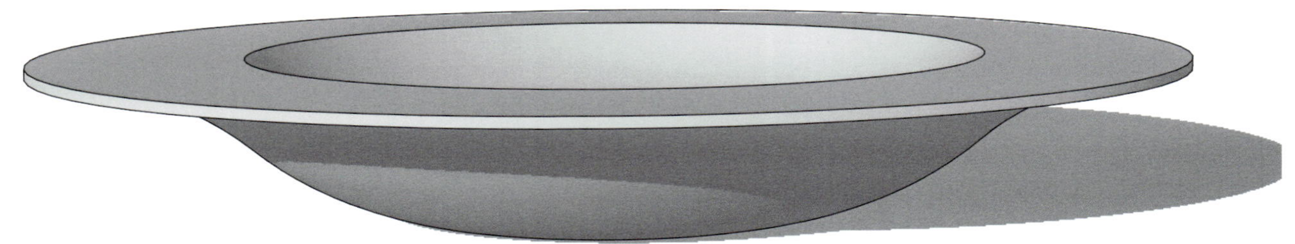

Einfacher Teller

Mustervorlage auf 200% vergrößern.

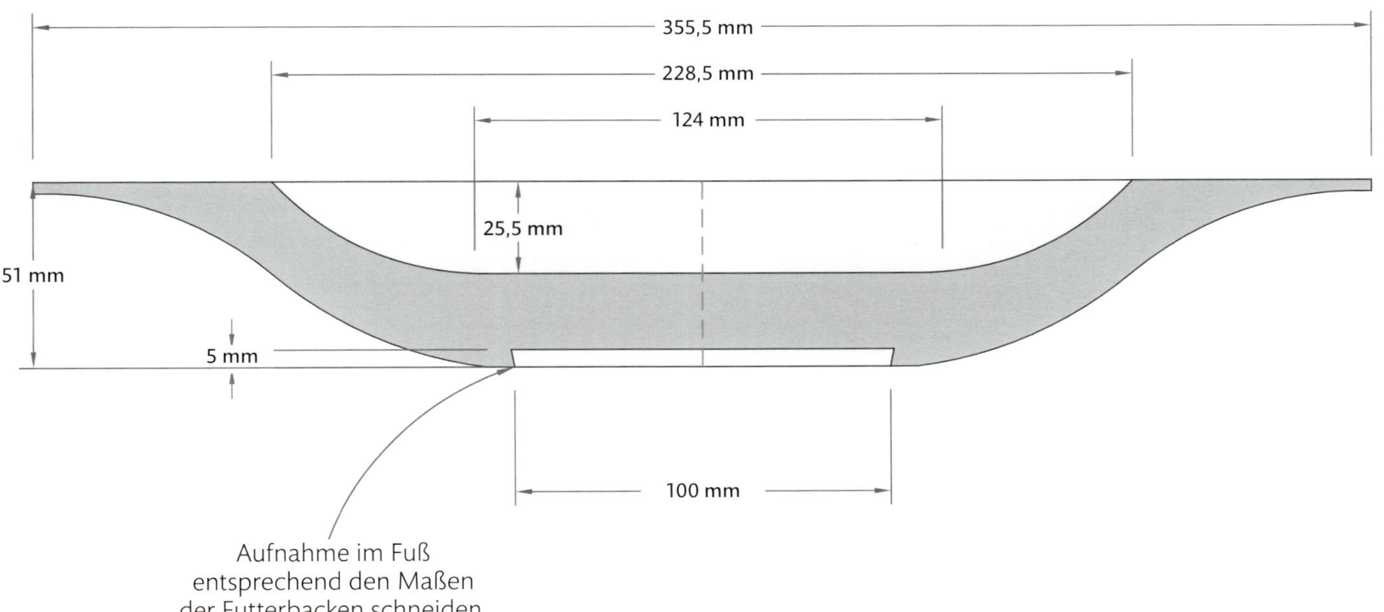

Flacher Teller

Dieser Teller ist etwas kleiner als der vorhergegangene. Er weist am Rand eine abgerundete Lippe und am Sockel ein dekoratives Profil auf.

Man kann ihn aus einem schlichten Holz wie Pappel drehen und ihn dann in mehreren Schichten mit einem hochglänzenden Lack in Feuerwehrrot, Grellgelb oder Schwarz lackieren.

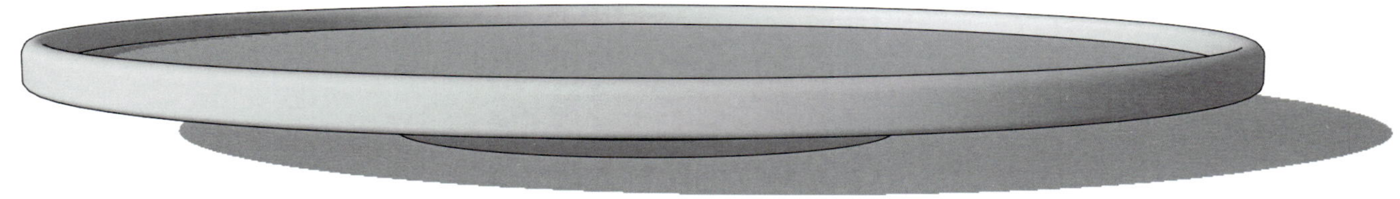

Flacher Teller

Mustervorlage auf 200% vergrößern.

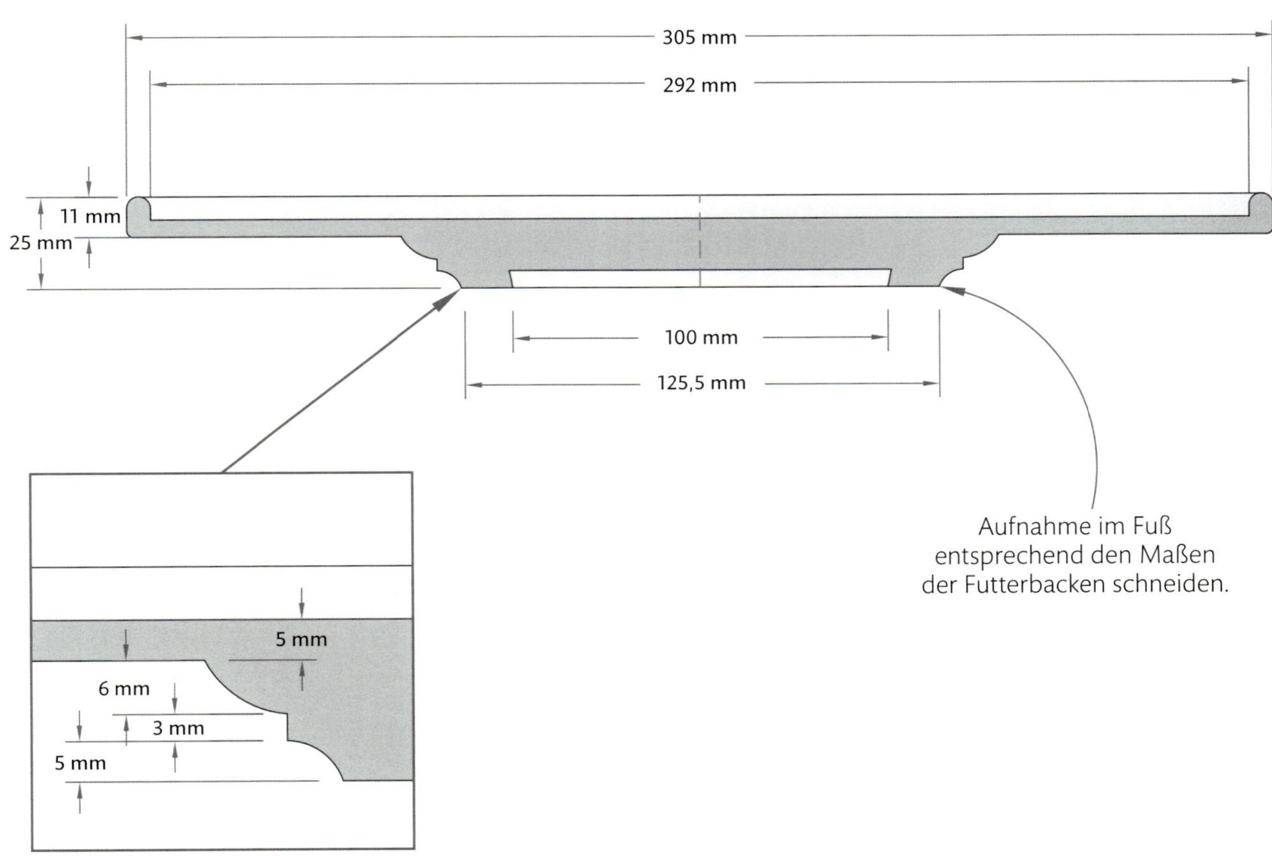

Von Richard Raffan inspirierte Platte

Der in Australien lebende Richard Raffan ist einer der bekanntesten und versiertesten Drechsler der Welt. Diese Platte ist typisch für seinen Stil. Sie ähnelt dem *Einfachen Teller* auf Seite 132, zeigt aber subtile Verzierungen – eine leicht hinterschnittene obere Kante, ein großzügig geschwungener Rand und schmale Rundstäbe in der Vertiefung im Fuß.

Von Richard Raffan inspirierte Platte

Mustervorlage auf 200% vergrößern.

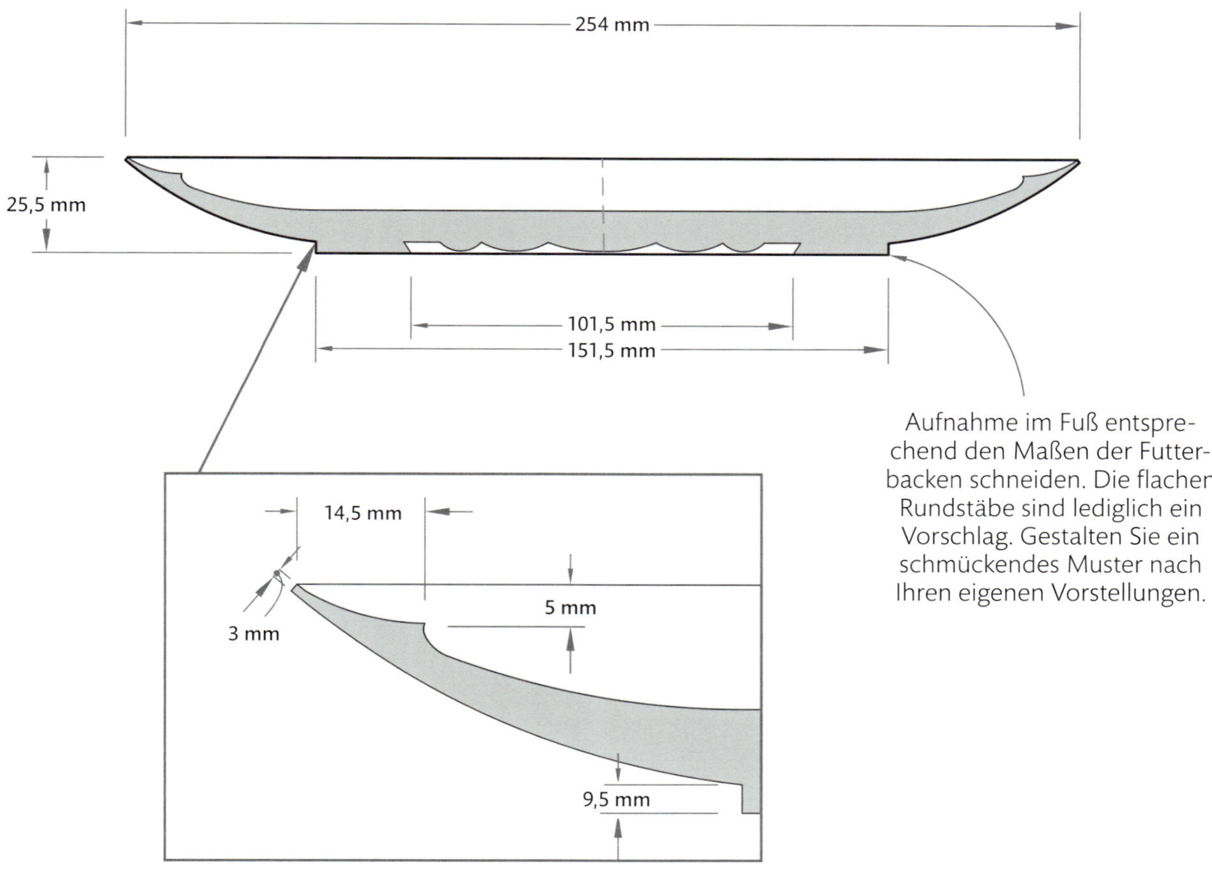

Von Bob Stocksdale inspirierte Salatschüsseln

Bob Stocksdale (1913–2003) war Mitte des 20. Jahrhunderts einer der einflussreichsten Drechsler. Wie Rude Osolnik (siehe Seite 98) trug auch Stocksdale mit seinen Arbeiten dazu bei, das Drechseln von einem Handwerk in den Rang hoher Kunst zu erheben. Die Ironie wollte es jedoch, dass er seine Karriere begann, indem er Salatschüssel-Sätze drechselte, die er zumeist in einem Kaufhaus in San Francisco verkaufte.

Die Inspiration für diesen Satz rührt von einer Schüssel her, die Stocksdale 1982 drechselte. Für das größere Exemplar benötigt man einen Rohling mit 380 mm Durchmesser und einer Stärke von 150 mm. Falls Sie keinen Rohling in dieser Größe bekommen können, lässt er sich auch aus zwei oder drei dünneren Holzstücken zusammenleimen. Die kleine Schüssel erfordert einen Rohling mit 190 mm Durchmesser und einer Stärke von 100 mm.

Von Bob Stocksdale inspirierte Salatschüsseln

Mustervorlage für große Schüssel auf 300% vergrößern.
Mustervorlage für kleine Schüssel auf 200% vergrößern.

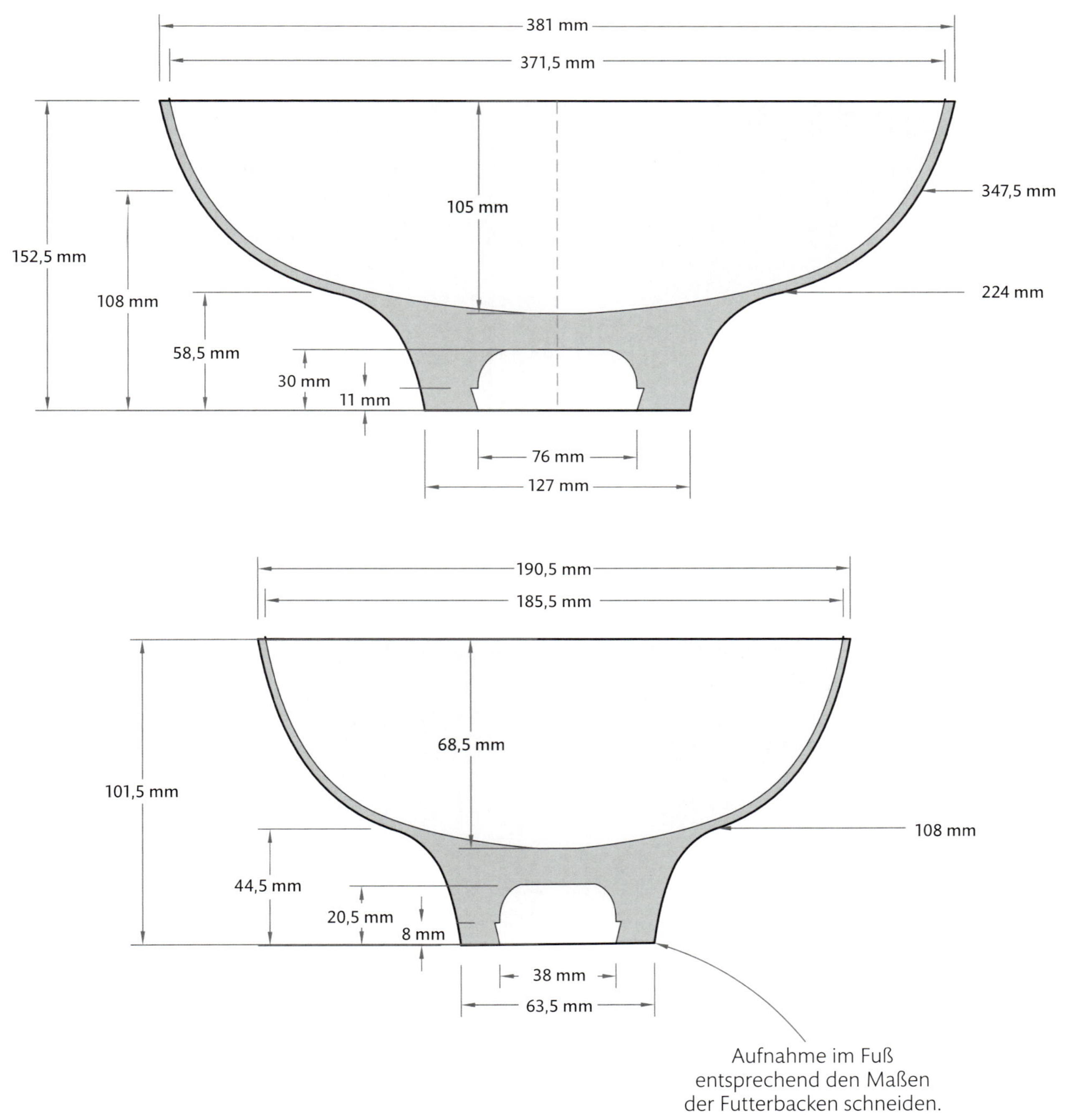

Aufnahme im Fuß entsprechend den Maßen der Futterbacken schneiden.

Ressourcen

BÜCHER

Alle genannten Bücher sind im Holzwerken Verlag erschienen. In unserem Shop gibt es auch eine Blick-ins-Buch-Funktion und portofreie Lieferung (innerhalb Deutschlands). www.holzwerken.net/shop

- **Richard Raffan,** *Drechseln. Maschinen – Werkzeuge – Techniken*
  Umfangreiches Grundlagenbuch, das kaum Fragen offenlässt
- **Michael O'Donnell,** *Drechseltechniken*
  O'Donnell konzentriert sich auf die wesentlichen Techniken und stellt diese gut nachvollziehbar dar.
- **Fritz Spannagel,** *Das Drechslerwerk*
  Der Klassiker! Erstmals im Jahr 1940 erschienen, ist dies der Reprint der 2. Auflage von 1948.
- **Steinert,** *Enzyklopädie Drechseln*
  Drechseln in über 800 Begriffen. Zahlreiche Querverweise erlauben auch eine fortlaufende Lektüre.
- **Michael O'Donnell,** *Grünholz drechseln*
  Dechseln mit frischem Holz ermöglicht hauchdünne, lichtdurchlässige Wandungen.

ZEITSCHRIFTEN

- **Drechsler Magazin**
  Vierteljährliches Magazin, welches sich ausschließlich mit Drechseln beschäftigt.
- **HolzWerken**
  Die Zeitschrift für ambitionierte Holzwerker. In jeder Ausgabe gibt es auch mindestens einen Drechselartikel.
  Erscheint zwei-monatlich.

INTERNET

- Drechsel-Videos von Holzwerken-TV: https://www.holzwerken.net/holzwerken-tv/drechselvideos/
- Tipps & Tricks: https://www.holzwerken.net/tipps-und-tricks/drechseln/

ONLINE-FOREN

- das „gelbe" Forum: www.drechsler-forum.de
- das „blaue" Forum: www.german-woodturners.de
- das österreichische Forum: www.drechslerforum.at

Register

Über den Autor

David Heim wuchs im US-Staat Colorado auf und besuchte in New York City das College. Sein Hauptfach war zwar nominell Englische Literatur, aber er verbrachte den Großteil seiner Zeit in der Redaktion der Tageszeitung der Schule. Nach dem College absolvierte er dann einen Masterstudiengang in Journalismus. Die folgenden 28 Jahre arbeitete David für die Zeitschrift Consumer Reports, die meiste Zeit als Chefredakteur. Nachdem er Consumer Reports verlassen hatte, wurde er leitender Redakteur bei der Zeitschrift Fine Woodworking und zog in die Kleinstadt Oxford im Bundesstaat Connecticut.

Heute arbeitet er als freiberuflicher Redakteur, Autor und Designer, vor allem auf den Gebieten Drechseln und Holzwerken.

Nachdem er die Grundlagen des Drechselns bei seinem Schwiegervater erlernt hatte, kaufte David 2003 seine erste Drehbank und begann, Schalen zu drechseln. Inzwischen finden sich in seiner Werkstatt drei Drechselbänke, darunter die „Delta" seines Schwiegervaters. Beispiele von Davids Arbeit kann man bei Etsy.com sehen. Er schreibt für die Internetseite 360woodworking.com eine regelmäßige Kolumne. Im Jahr 2016 wurde er in das Direktorium der American Association of Woodturners gewählt.